近红外光谱数据库技术及其在农产品检测中的应用

周万怀　徐守东　李　浩　著

机械工业出版社

本书内容由浅入深，共分为五章：第1章简单介绍了近红外光谱分析技术的基础概念，总结和分析了传统建模分析的弊端，引出光谱数据库的概念和本书的主要内容；第2章主要介绍了支撑 NIR-SDBS 运行的主要算法，大致可归类为光谱预处理算法、光谱特征提取算法和光谱匹配算法等；第3章主要针对常见光谱平滑算法存在的问题，提出一种新的算法，以达到保护有用光谱信息的目的；第4章主要针对特定样品特征，提出一种新的全光谱匹配算法，以提高光谱匹配准确率；第5章主要介绍了光谱数据库系统分析与设计的过程，为读者开发自己的光谱数据库系统提供参考。

本书可供农业工程学科农产品品质检测及相关领域的科研、教学人员和大中专院校学生使用，也可以作为从事相关职业的科技人员、技术管理及推广人员的参考资料。

图书在版编目（CIP）数据

近红外光谱数据库技术及其在农产品检测中的应用/周万怀，徐守东，李浩著. —北京：机械工业出版社，2021.8
ISBN 978-7-111-67939-4

Ⅰ.①近…　Ⅱ.①周…　②徐…　③李…　Ⅲ.①红外光谱-应用-农产品-质量检测-研究　Ⅳ.①S37

中国版本图书馆 CIP 数据核字（2021）第 060449 号

机械工业出版社（北京市百万庄大街 22 号　邮政编码 100037）
策划编辑：王　博　责任编辑：王　博
责任校对：刘雅娜　封面设计：马精明
责任印制：邰　敏
北京富资园科技发展有限公司印刷
2021 年 7 月第 1 版第 1 次印刷
184mm×260mm・8.5 印张・209 千字
标准书号：ISBN 978-7-111-67939-4
定价：59.80 元

电话服务　　　　　　　　　网络服务
客服电话：010-88361066　　机　工　官　网：www.cmpbook.com
　　　　　010-88379833　　机　工　官　博：weibo.com/cmp1952
　　　　　010-68326294　　金　书　网：www.golden-book.com
封底无防伪标均为盗版　机工教育服务网：www.cmpedu.com

│ 前　言

　　近红外光是介于可见光和中红外光之间的电磁波，波长范围为 780~2526nm。使用近红外光照射样品时，部分红外辐射波段被选择性吸收后产生近红外光谱。由于近红外光谱分析技术具有快速、无损和多指标同时检测的特点，相关技术的发展十分迅速，目前已经被广泛应用于农业、食品、化工和医药等行业中，成为对颗粒、粉末和固体等多种形态物质快速分析的重要手段，已有部分领域将近红外光谱分析方法认定为国际、国家或行业标准。

　　截至目前，近红外光谱分析的主要方法依然是基于传统模式识别算法，借助化学计量学软件建立定性或定量分析模型，最终实现对待测样品的快速检验。这种分析模式存在一个明显弊端，即由于校正集样品规模、代表性均十分有限，加之对分析人员的技术水平与经验积累要求较高，通常导致耗费大量精力和物力建立的模型，仅能在极小的范围或若干个批次样品的范围内适用。

　　随着计算机硬件设备性能的日益提升和数据库技术的不断发展，一些专家学者开始探索基于数据库系统拓展近红外光谱分析技术的可行性，于是近红外光谱数据库技术应运而生。本书系统而全面地介绍了近红外光谱数据库的基本原理、主要算法和开发实例，并结合特定领域展示了相关算法的运用、算法参数的优化选择等，尤其在光谱预处理算法和光谱匹配算法方面进行了深入研究。

　　在光谱平滑算法方面，针对常用平滑算法对光谱中所有数据点采用相同的平滑策略，给平滑的光谱特征波段带来较多信息损失的问题，本书提出一种根据光谱数据点权值大小适配平滑算法的策略，既能够保证粗糙部分的平滑效果，又能减少平滑部分的信息丢失。针对特定样品的实际应用表明，本书所提出的算法既能够确保粗糙的光谱波段平滑效果较好，又能够充分保护平滑的光谱波段免受较大的信息损失。

　　在光谱匹配算法方面，针对常见全光谱匹配算法直接基于光谱曲线的吸光度（光谱反射比或强度值）计算匹配度，容易受到噪声信息或样品成分分布不均等因素的干扰导致匹配正确率低的问题，本书提出了一种基于杰卡德相似性系数原理的全光谱匹配算法，该算法通过对一阶导数光谱的二值化，对噪声信息进行过滤和对吸光度（光谱反射比或强度值）进行模糊化处理，将关注点从光谱强度转移到光谱波形上来。针对特定样品的实测结果表明，该算法远优于传统算法。

　　本书共分为五章，其中第 1 章和第 3 章由周万怀老师和徐守东老师共同编写，第 2 章和第 4 章由周万怀老师和李浩老师共同编写，第 5 章由徐守东老师和李浩老师共同编写，刘从九老师参与了本著作的整体规则设计以及相关课题应用技术的研究。

本书的内容主要源自于国家自然基金项目（31601224），2020 年度兵团农业领域科技攻关计划项目（2020AB006-1），安徽省教育厅重大项目（KJ2020ZD004）、重点项目（KJ2019A0650）和 2021 年安徽省高校拔尖人才培育项目的研究成果，对以上项目和相应主管部门提供支持表示衷心感谢！

由于作者水平有限，加之编写时间仓促，书中不足之处在所难免，敬请读者批评指正。

作　者

| 目 录

前言

第 1 章　绪论 ……………………………………………………… 1

1.1　课题背景与研究意义 …………………………………… 1

　1.1.1　NIR 光谱技术概述 ……………………………… 1

　1.1.2　NIR 光谱分析的常见流程 ……………………… 1

　1.1.3　存在的问题与发展趋势 ………………………… 2

1.2　SDBS 概述 ………………………………………………… 3

　1.2.1　SDBS 原理及特点 ………………………………… 4

　1.2.2　国外研究进展概况 ………………………………… 5

　1.2.3　国内研究进展概况 ………………………………… 6

　1.2.4　其他相关研究 ……………………………………… 6

1.3　本书研究目的、内容和技术路线 ……………………… 10

　1.3.1　研究目的 …………………………………………… 10

　1.3.2　研究内容 …………………………………………… 10

　1.3.3　技术路线 …………………………………………… 11

1.4　本章小结 ………………………………………………… 12

第 2 章　光谱数据库常用算法 ………………………………… 13

2.1　光谱预处理算法介绍 …………………………………… 13

　2.1.1　平滑 ………………………………………………… 13

　2.1.2　扣减 ………………………………………………… 16

　2.1.3　导数或微分 ……………………………………… 16

　2.1.4　标准化 ……………………………………………… 17

　2.1.5　多元散射校正 …………………………………… 17

　2.1.6　标准正交变换 …………………………………… 18

2.2　NIR 光谱特征峰识别及其参数计算 …………………… 18

　2.2.1　NIR 光谱的特点 ………………………………… 19

　2.2.2　峰位 ………………………………………………… 19

　2.2.3　峰边界 ……………………………………………… 20

2.2.4 峰高 ·· 20

2.2.5 峰宽 ·· 20

2.2.6 峰面积 ··· 20

2.3 匹配算法 ··· 20

2.3.1 SMA-P ·· 20

2.3.2 SMA-FS ·· 24

2.4 波段选择 ··· 26

2.4.1 经验法 ··· 26

2.4.2 分段排序法 ·· 26

2.4.3 相关系数法 ·· 26

2.4.4 方差分析法 ·· 27

2.4.5 相关成分分析法 ···································· 27

2.4.6 基于遗传算法的波段选择法 ················· 28

2.4.7 CARS 波段选择法 ································· 30

2.5 常用建模算法 ·· 31

2.5.1 定量建模算法 ······································· 31

2.5.2 定性建模算法 ······································· 36

2.6 本章小结 ··· 40

第3章 一种自适应平滑算法在苹果 NIR 光谱分析中的应用 ···· 41

3.1 引言 ··· 41

3.2 技术与方法 ·· 42

3.2.1 噪声估算 ··· 42

3.2.2 光谱局部波动频率 ································· 45

3.2.3 数据点权值 ·· 45

3.2.4 一种自适应平滑算法 ····························· 45

3.2.5 光谱特征峰定位及参数计算算法改进 ······ 46

3.3 试验 ··· 48

3.3.1 试验样品 ··· 48

3.3.2 光谱仪与参数设置 ································· 49

3.3.3 SSC 检测仪 ·· 49

3.3.4 支撑试验的软硬件平台 ·························· 50

3.4 结果与讨论 ·· 50

3.4.1 SSC 测量结果 ······································· 50

3.4.2 基于 DA 的分类结果 ····························· 51

3.4.3 构造各类别的中心光谱 ·························· 53

3.4.4 算法参数的确定与优选 ·························· 54

3.4.5 改进后算法对特征波段的保护 ··············· 56

　　　　3.4.6　假性峰过滤参数优化 ⋯⋯⋯⋯⋯⋯⋯⋯⋯⋯⋯⋯⋯⋯⋯⋯　57

　　　　3.4.7　基于 SMA-P 的分类原理 ⋯⋯⋯⋯⋯⋯⋯⋯⋯⋯⋯⋯⋯⋯⋯　63

　　　　3.4.8　基于 SMA-P 的苹果样品分类 ⋯⋯⋯⋯⋯⋯⋯⋯⋯⋯⋯⋯　66

　　3.5　本章小结 ⋯⋯⋯⋯⋯⋯⋯⋯⋯⋯⋯⋯⋯⋯⋯⋯⋯⋯⋯⋯⋯⋯⋯⋯⋯　67

第 4 章　基于杰卡德相似性系数原理的 SMA-FS 在苹果分类识别中的应用 ⋯⋯⋯　**69**

　　4.1　引言 ⋯⋯⋯⋯⋯⋯⋯⋯⋯⋯⋯⋯⋯⋯⋯⋯⋯⋯⋯⋯⋯⋯⋯⋯⋯⋯⋯　69

　　4.2　方法介绍 ⋯⋯⋯⋯⋯⋯⋯⋯⋯⋯⋯⋯⋯⋯⋯⋯⋯⋯⋯⋯⋯⋯⋯⋯⋯　70

　　　　4.2.1　苹果样品 NIR 光谱的一阶导数 ⋯⋯⋯⋯⋯⋯⋯⋯⋯⋯⋯　70

　　　　4.2.2　一阶导数光谱的预处理 ⋯⋯⋯⋯⋯⋯⋯⋯⋯⋯⋯⋯⋯⋯　71

　　　　4.2.3　一阶导数二值化 ⋯⋯⋯⋯⋯⋯⋯⋯⋯⋯⋯⋯⋯⋯⋯⋯⋯　72

　　　　4.2.4　JSC ⋯⋯⋯⋯⋯⋯⋯⋯⋯⋯⋯⋯⋯⋯⋯⋯⋯⋯⋯⋯⋯⋯　72

　　　　4.2.5　JSC 在 NIR 光谱匹配中的应用 ⋯⋯⋯⋯⋯⋯⋯⋯⋯⋯　73

　　　　4.2.6　SMA-JSC 算法的改进 ⋯⋯⋯⋯⋯⋯⋯⋯⋯⋯⋯⋯⋯⋯　73

　　4.3　试验 ⋯⋯⋯⋯⋯⋯⋯⋯⋯⋯⋯⋯⋯⋯⋯⋯⋯⋯⋯⋯⋯⋯⋯⋯⋯⋯⋯　74

　　　　4.3.1　试验样品 ⋯⋯⋯⋯⋯⋯⋯⋯⋯⋯⋯⋯⋯⋯⋯⋯⋯⋯⋯⋯　74

　　　　4.3.2　光谱仪与参数设置 ⋯⋯⋯⋯⋯⋯⋯⋯⋯⋯⋯⋯⋯⋯⋯⋯　74

　　　　4.3.3　支撑试验的软硬件平台 ⋯⋯⋯⋯⋯⋯⋯⋯⋯⋯⋯⋯⋯⋯　74

　　4.4　结果与分析 ⋯⋯⋯⋯⋯⋯⋯⋯⋯⋯⋯⋯⋯⋯⋯⋯⋯⋯⋯⋯⋯⋯⋯⋯　75

　　　　4.4.1　S5~S7 三类样品的 SSC 含量 ⋯⋯⋯⋯⋯⋯⋯⋯⋯⋯⋯　75

　　　　4.4.2　基于 DA 的 S1~S7 分类 ⋯⋯⋯⋯⋯⋯⋯⋯⋯⋯⋯⋯⋯　75

　　　　4.4.3　类别中心构建 ⋯⋯⋯⋯⋯⋯⋯⋯⋯⋯⋯⋯⋯⋯⋯⋯⋯⋯　80

　　　　4.4.4　基于 SMA-JSC 的苹果样品分类识别 ⋯⋯⋯⋯⋯⋯⋯⋯　82

　　　　4.4.5　SMA-JSC 算法与常用 SMA-FS 算法的比较 ⋯⋯⋯⋯⋯　83

　　　　4.4.6　基于 SMA-JSC 算法检索分析特定样品的原理 ⋯⋯⋯⋯　86

　　　　4.4.7　分辨率对 SMA-JSC 算法的影响 ⋯⋯⋯⋯⋯⋯⋯⋯⋯⋯　87

　　　　4.4.8　改进 SMA-JSC 算法在苹果分类识别中的应用 ⋯⋯⋯⋯　92

　　4.5　本章小结 ⋯⋯⋯⋯⋯⋯⋯⋯⋯⋯⋯⋯⋯⋯⋯⋯⋯⋯⋯⋯⋯⋯⋯⋯⋯　93

第 5 章　NIR-SDBS 原型系统开发实例 ⋯⋯⋯⋯⋯⋯⋯⋯⋯⋯⋯⋯⋯⋯⋯⋯　**95**

　　5.1　概述 ⋯⋯⋯⋯⋯⋯⋯⋯⋯⋯⋯⋯⋯⋯⋯⋯⋯⋯⋯⋯⋯⋯⋯⋯⋯⋯⋯　95

　　5.2　NIR-SDBS 原型系统分析 ⋯⋯⋯⋯⋯⋯⋯⋯⋯⋯⋯⋯⋯⋯⋯⋯⋯⋯　95

　　　　5.2.1　NIR-SDBS 原型系统的需求描述 ⋯⋯⋯⋯⋯⋯⋯⋯⋯⋯　95

　　　　5.2.2　水果 NIR-SDBS 原型系统的主要用例 ⋯⋯⋯⋯⋯⋯⋯　98

　　　　5.2.3　动态模型（场景时序图）⋯⋯⋯⋯⋯⋯⋯⋯⋯⋯⋯⋯⋯　99

　　　　5.2.4　静态模型（对象模型）⋯⋯⋯⋯⋯⋯⋯⋯⋯⋯⋯⋯⋯⋯　106

　　5.3　系统设计 ⋯⋯⋯⋯⋯⋯⋯⋯⋯⋯⋯⋯⋯⋯⋯⋯⋯⋯⋯⋯⋯⋯⋯⋯⋯　116

　　5.4　对现有系统的比较 ⋯⋯⋯⋯⋯⋯⋯⋯⋯⋯⋯⋯⋯⋯⋯⋯⋯⋯⋯⋯⋯　122

　　5.5　本章小结 ⋯⋯⋯⋯⋯⋯⋯⋯⋯⋯⋯⋯⋯⋯⋯⋯⋯⋯⋯⋯⋯⋯⋯⋯⋯　123

附录 二维码资源 ·· **124**

附录 A 中英文对照表 ··· 124

附录 B 部分算法 C#代码 ··· 124

附录 C 基于 SMA-JSC 算法检索分析特定样品测试结果 ················· 124

参考文献 ·· **125**

第1章 绪 论

1.1 课题背景与研究意义

1.1.1 NIR 光谱技术概述

近红外（Near Infrared，NIR）光是介于可见（Visible，Vis）光和中红外（Middle Infrared，MIR）光之间的电磁波，波长范围为 780~2526nm。红外吸收光谱为被照射的样品选择性地吸收部分红外辐射波段后产生的吸收谱线。一般而言，NIR 波段的吸收主要是由低能级电子跃迁，比如 C-H、N-H 和 O-H 等有机物含氢基团中化学键的倍频与合频吸收，这些基团的吸收频率特征性强、稳定性高，受分子内外环境影响小，这些都是 NIR 光谱做复杂天然物品物质分析的前提。由于绝大多数的化学和生物样品在 NIR 波段均有相应的吸收谱带，因此可以通过这些吸收信息了解样品的某些组分含量、物质的组成与结构。

基于 NIR 光谱的定性分析通过计算待测样品 NIR 光谱与标准参照样品之间的相似度进行分类。然而，由于在 NIR 光谱波段重叠严重，难以通过人工判断不同光谱之间的相似度，一般需要借助计算机软件计算和比较不同 NIR 光谱之间的相似度；NIR 光谱携带丰富样品信息，图谱取得容易，尤其是 NIR 漫反射分析无须对样品做任何复杂的预处理，是一种极具发展前途的分析技术。近年来，化学计量学的发展和计算机软硬件性能的不断提升，更进一步方便了 NIR 光谱分析与建模。

1.1.2 NIR 光谱分析的常见流程

定性分析流程通常包含选择校正集样品，检测其理化属性和采集其 NIR 光谱；预处理光谱，提高光谱质量；提取光谱特征，降低噪声信息干扰；建立定性分析模型并评价模型质量；最后调用模型对未知样品分类判别等步骤。其中，校正集样品选择应具有足够的代表性，且在检测目标属性范围上完全覆盖待测样品属性，针对校正集样品和测试集样品的理化属性测试和光谱采集应遵循相同的规范；由于受仪器性能、样品特性和环境因素的影响，样品原始光谱通常包含一些高频随机扰动（高频随机噪声），在开展 NIR 光谱分析与建模之前，应通过一定的技术手段尽可能地消除这些信息，常用的方法有归一化、去均值化消除量纲和光谱平滑等；在建模环节仅选择光谱中的一些主要因素建模，通常使用主成分分析法

（Principal Component Analysis，PCA）或者偏最小二乘法（Partial Least Squares，PLS）等方法提取近红外光谱主成分。

在定量分析中，样品采集、理化属性测试、样品光谱采集等与定性分析各环节基本一致，未知样品的所有理化属性应该是校正集样品理化属性的真子集，同样校正集样品的理化属性范围也应该完整覆盖未知样品的理化属性；样品目标属性的检测方法应满足对应检测标准要求或是普遍接受的检测方法；针对所有样品，采集光谱的环境、设备、人为因素等同样应保持一致；在定量建模阶段，选用多个与检测目标相关的波段甚至是全光谱波段建模可以有助于提高模型的鲁棒性。目前，常用的 NIR 光谱定量建模算法有多元线性回归法（Multiple Linear Regression，MLR）、主成分回归法（Principal Component Regression，PCR）和偏最小二乘回归法（Partial Least Squares Regression，PLSR）等。

以可溶性固形物（Soluble Solids Content，SSC）定量检测为例说明基于近红外光谱分析技术的农副产品品质 NIR 光谱分析流程。首先，按照相关规范或标准选择样品并进行简单的预处理；其次，按照规范要求采集样品光谱，并对光谱进行平滑、微分、归一化和散射校正等处理，提高光谱质量；再次，按照相关标准规定或公认的方法检测样品的 SSC；最后，建立 NIR 水果光谱与其 SSC 之间的回归模型。在待测样品分析阶段：首先，样品采集、处理、光谱采集的方式方法与校正集样品保持一致；其次，按照校正集光谱预处理方法处理待测样品光谱；最后，调用校正模型完成对待测样品 SSC 的预测。相关检测流程如图 1-1 所示。

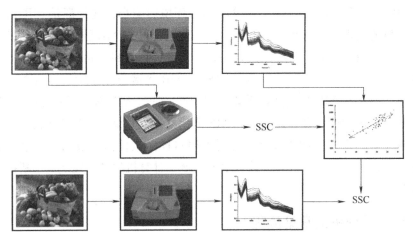

图 1-1　农副产品品质 NIR 光谱分析流程

1.1.3　存在的问题与发展趋势

如上所述，NIR 光谱分析原理是建立样品 NIR 光谱与样品理化成分之间的关联模型，再利用关联模型实现样品理化属性分析的一种间接分析技术。其必须借助数学模型，而所建模型的精度和适用范围受以下因素影响和限制。

1）严格执行统一的规范和标准。在样品选择、保存和预处理，样品理化检测，光谱仪性能、参数设置，试验人员的专业素养、操作规范，试验环境的规范与调控，光谱数据预处理、校正模型的建立等诸多环节和因素水平上保持规范和统一。

2）具备性能（比如波段范围、分辨率、再现性、稳定性、积分时间等参数）优良且检测模式符合要求的光谱仪。

3）覆盖范围足够大的校正集样品。如前所述，在 NIR 建模时，校正集样品理化属性的范围应完整涵盖待测样品的理化属性，这就要求具有足够多、代表性强且分布均匀的校正集样品。

4）具备准确测量样品物化属性的技术条件和基础设施。

5）拥有丰富经验的 NIR 光谱建模和分析技术人员。

6）配备专业的 NIR 光谱分析、NIR 光谱建模和模型质量评价软件。

通常，终端用户很难同时满足以上要求。因此，领域专家尝试通过网络分享过程规范、设备先进、技术水平高的大型机构的 NIR 光谱测试和分析成果，成立 NIR 光谱信息共享中心，帮助用户实现无标样分析服务成为克服因技术条件和水平限制 NIR 光谱应用范围的有效途径。而 NIR 光谱信息共享中心必须具备以下特征。

1）具有规范、合理的执行标准。信息共享中心的标准参照样品的理化属性、光谱等信息必须按照统一的规范或标准获取，信息共享中心的用户必须提供符合规范和标准的待测样品光谱。

2）信息资源足够丰富。由于信息共享中心的用户是未知的，待分析样品的理化属性范围也是未知的，因此信息共享中心的标准参照信息资源必须足够丰富，才能够保证标准参照样品对待测样品不会失效，从而满足不同用户的需求。

3）能够不断搜集和积累数据资源。信息共享中心能够通过单位内部采集、用户提供、委托采集等方式不断积累参照样品信息，避免随着时间的推移导致标准参照库失效的现象。

4）建立功能完善的样品信息及其光谱信息管理系统，可以通过网络方便地实现参照样品信息资源共享，提供便捷和准确的标准参照和辅助在线分析服务。

因此，若要充分利用 NIR 光谱分析技术为各行各业服务，就必须建立各行业的 NIR 标准光谱数据库系统（Spectral Database System，SDBS），该类 NIR-SDBS 应拥有丰富的参照样品和数据资源来作为发展和应用 NIR 光谱分析技术的基础。样品资源的特殊性，决定了 NIR 光谱分析技术在各个行业的实际推广和应用无法直接引进和照搬既有应用案例，唯有建立各个行业自己的标准 NIR 光谱数据库，才能够真正将 NIR 光谱分析技术应用于该行业。

综上所述，不断积累各个行业样品及 NIR 光谱信息，基于先进信息技术建立各个行业的大规模标准 NIR-SDBS，改进样品理化信息、NIR 光谱信息以及相关数学模型的管理及共享方法，对促进 NIR 光谱分析技术在行业的推广和应用具有十分重要的意义。

1.2　SDBS 概述

在 SDBS 诞生之初，该类系统仅用于样品光谱数据的保存和重新获取，随着计算机软硬件性能的不断提升，其处理数据的能力得到空前提高，在光谱数据库领域也催生了新的应用需求和场景，通过网络共享标准参照样品及其光谱信息，远程辅助分析和决策支持等功能需求的日益增强，大型规范化的标准 SDBS 开发被提上日程。目前，SDBS 已经广泛应用于分析化学、环境化学、医学和农业等学科，在实际生产过程中的应用也已经取得长足发展。自1990 年以来，SDBS 相关的研究报道统计如图 1-2 所示。

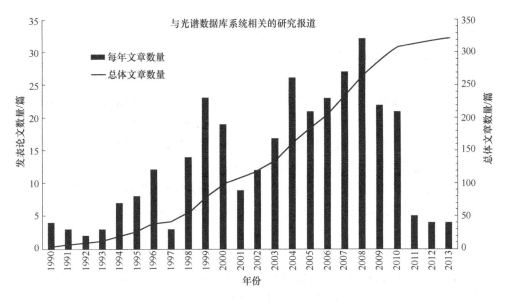

图 1-2　SDBS 相关的研究报道统计

可见，以 2008 年为分界线，在此之前有关 SDBS 的研究报道逐年递增，在此之后出现明显下降。一方面，是因为基础理论研究日益成熟，SDBS 由前期的理论研究阶段逐渐走向实际应用阶段；另一方面，是因为没有新的理论和方法被引入到 SDBS 领域，部分瓶颈问题在当前技术条件下难以解决。

1.2.1　SDBS 原理及特点

SDBS 是集光谱分析技术、模式识别算法、数据库技术和计算机软件等技术方法于一体的综合性计算机软件系统，其结构与工作原理如图 1-3 所示。

SDBS 自下而上主要包括存储数据的物理数据库层、提供用户服务的应用服务器层、支持网络访问和提供远程服务的网络层以及针对主题的应用程序集。其中，物理数据库层为存储信息的硬件设备，应用服务器层为用户和服务器之间的应用处理和通信请求的硬件和软件集合。本地用户多为管理员角色，负责数据库系统的软硬件设备维护和管理；远程用户则主要为标准 SDBS 的服务目标用户，他们通过网络连接到应用服务器，通过数据库查询功能获取标准参照样品的光谱、理化属性以及对应模型等信息，将待测样品的 NIR 光谱作为数据库查询关键词，利用 NIR 光谱匹配机制选择相关性最高的标准样品信息，从而实现对未知样品的快速分析。如上所述，SDBS 检索关键词为待测样品的光谱，数据匹配规则与传统的字符串型关键词存在本质区别。

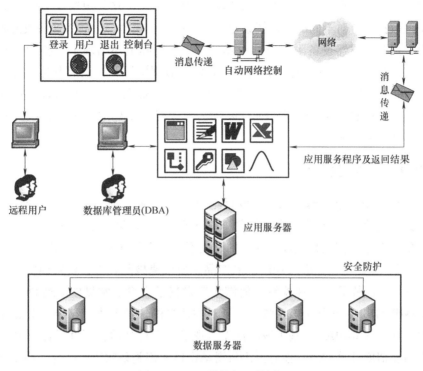

图 1-3　SDBS 结构与工作原理

1.2.2　国外研究进展概况

国外对 SDBS 的研究可追溯至 20 世纪 80 年代中期，代表性的研究报道有 Nyden 等人构建了一个混合物的 IR-SDBS，并基于该 IR-SDBS 比对和识别未知物，从而快速鉴别这些物质。Tungol 等人建立了一个涵盖 43 种聚合物纤维的 IR-SDBS，并基于该标准库实现聚合物纤维制品的成分鉴别。Varmuza 和 Penchev 等人针对光谱数据库系统的多个方面开展深入研究，于 1996 年通过标准参照红外 SDBS 鉴别化合物成分，1998 年提出最大共同子结构算法并结合各类基团在中红外谱区特征的指纹信号特征快速解析化合物成分，2009 年提出谱减算法分解混合物的红外光谱。此外，他们还提出了根据光谱特征峰参数计算不同光谱之间相似度的方法，相对于全光谱相似度计算方法而言，不但降低了光谱匹配复杂度，还提高了光谱匹配的准确率（在部分应用领域）。Yoon 等人从 10 个不同的实验室采集了 15 种常用溶剂的 NIR 光谱，通过提取光谱特征和建立对应的 NIR-SDBS 系统，并在后续分析中基于该数据库实现了溶剂类别的快速鉴别。Shepherd 和 Walsh 采用建立了土壤样品的 NIR-SDBS，在后续的土壤成分分析中起到了重要作用。Johnson 等人则基于 NIR-SDBS 光谱数据库系统实现了空气质量的实时监测。美国农业部（The United States Department of Agriculture，USDA）创建了一个用于棉花杂质检测的 NIR-SDBS，实现了对棉花杂质的快速分类检测。Genot 等人建立了一个在线 NIR-SDBS，任何符合规范和标准要求的实验室、生产企业等均可接入该系统，开始了 NIR 大数据的前期探索。

除以上基础性研究之外，一些仪器制造公司（如 Foss 公司等）在各自国家甚至全球范围内收集使用该公司生产的各类型仪器采集的光谱数据，建立起规模庞大的标准参照数据集，并基于该数据集针对不同的应用场景建立对应的分析模型，最后将这些模型固化到相关仪器设备上，提升了仪器设备附加值和市场竞争力。国际上还出现了一些专门开发各领域SDBS的公司或研究机构，并通过互联网共享它们的数据资源和提供商业化服务。比如，美国的FDM公司建立了农副产品、食品等样品的NIR光谱数据库，用户可以通过网络获取数据库中的参照样品信息；BUCHI和NeoLink等公司或机构则建立了工业在线产品，比如塑料、化妆品等样品的NIR-SDBS。

1.2.3　国内研究进展概况

国内对SDBS的研究晚于国外，从20世纪90年代开始，应用范围主要集中在石油和农产品方面，如：刘苹等建立了石油添加剂NIR-SDBS，该库涵盖了400余种石油添加剂的NIR光谱；在"十五"国家科技攻关项目的资助下，建立了部分大宗农副产品的NIR-SDBS；祝诗平等设计和开发了基于NIR-SDBS的农产品品质快速检测软件，较好地实现了对标准参照样品的管理和待测样品的快速检测；何淑华等采集了大量的常见中草药材NIR光谱，建立了中药材NIR-SDBS，并基于该系统实现了对中药材的快速鉴别；褚小立等建立了一个涵盖345种原油样品NIR-SDBS，基于该数据库实现了对多种品质指标和原油混兑比例的快速检测，在光谱相似度计算方面，他们提出将滑动窗口和相关系数法相结合，逐段计算不同光谱之间的相似度。

在商业应用方面，以中国科学院上海有机化学研究所建立的IR-SDBS规模最大、信息资源最为丰富，该库始建于1978年，收录了常见有机物的红外光谱。用户可以通过物质名称、化学式、官能团等信息查询标准参照谱图，也可以通过光谱曲线检索相似的光谱，以辅助谱图鉴定和物质分析。

1.2.4　其他相关研究

1. 光谱特征峰识别算法

光谱特征峰识别指特征峰定位和特征峰参数计算的过程，通常包括首先确定特征峰位，其次寻找特征峰左右边界，最后计算特征峰宽、峰高和峰面积等参数。由于有效的光谱特征峰通常与特定的化学成分相对应，因此准确识别有效光谱特征峰对光谱分析十分重要。在光谱特征峰识别方面，王静等提出从短波段光谱侧开始取光谱数据点，每次取连续的三个数据点进行分析，如果中间数据点的透过率最小，则认为中间点为特征峰位。这种方法的思路简单明了，易于操作和实现，但由于受随机噪声的干扰，往往导致一条光谱中会识别出许多伪峰（Pseudo Peak，PP）。

Oi-Wah等人提出通过峰参数筛选有效特征峰。假设光谱最大吸光度为A_{max}，S_p波段的吸光度为A_p，峰左边界吸光度为V_l，峰右边界吸光度为V_r，左侧峰高为H_l，右侧峰高为H_r，则有

$$H_l = A_p - V_l \tag{1-1}$$

$$H_r = A_p - V_r \tag{1-2}$$

$$H_e = \min(H_1, H_r) \tag{1-3}$$

式中，H_e 为特征峰的有效高度，如果满足式（1-4）和式（1-5）

$$A_p \geqslant bA_{max} \tag{1-4}$$

$$H_e \geqslant cA_{max} + d \tag{1-5}$$

则波段 S_p 为有效特征峰位。其中，b、c、d 均为根据经验和实际需求设定的常数。借助该方法可以过滤扁平的伪峰，但无法过滤宽度窄、高度大的尖锐峰。

Vivo-Truyols 等人根据二阶导数光谱曲线的负值区域寻找候选峰位。首先，运用卷积平滑（Savitsky-Golay，SG）消除光谱噪声、平滑光谱曲线，并采用德宾-沃森测试（Durbin-Watson Test，DWT）寻找最佳窗口宽度，具体定义为

$$DW = \frac{\sum_{2}^{n} \left[\left(y_{raw(i)} - y_{smd(i)} \right) - \left(y_{raw(i)-1} - y_{smd(i-1)} \right) \right]^2}{\sum_{2}^{n} \left(y_{raw(i)} - y_{smd(i)} \right)^2} \times \frac{n}{n-1} \tag{1-6}$$

式中，y_{raw} 为原始数据；y_{smd} 为平滑后数据。

DW 越趋近于 2，表示处理后的曲线残差相关性越小，平滑效果越好，窗口尺度越适合。其次，根据二阶微分光谱负值的区域选择特征峰候选区域。最后，通过计算特定窗口范围内的局部噪声对候选特征峰进行过滤。Chao Yang 等人总结了识别光谱特征峰的过程中识别和过滤伪峰的算法及相关软件，见表 1-1。

表 1-1 识别和过滤伪峰的算法及相关软件

峰位查找标准	相关软件名称
强度阈值	LCMS-2D，mzMine，PROcess
坡度	LIMPIC
脊线	CWT
峰宽	mzMine
模型	MapQuant，OpenMS
信噪比	Cromwell，LCMS-2D，LIMPIC，LMS，CWT，mzMine，PROcess，PreMS，XCMS

2. 光谱匹配算法（Spectral Matching Algorithm，SMA）

随着计算机硬件性能、数据库管理系统性能的提升，新开发的 SDBS 通常能够为用户提供常规标准参照信息查询和在线快速检测分析两大类功能。其中，常规标准参照信息查询功能基于简单的字符匹配规则，而在线快速检测分析功能则需要使用光谱曲线作为关键词进行数据库查询，匹配规则是依据待测光谱曲线与标准参照光谱曲线之间的相似度，这种数据库查询模式也是 SDBS 相较于其他数据库系统的特殊之处。由于光谱曲线特征主要取决于样品属性，因此需要根据光谱数据库系统管理的对象样品及其光谱特征设计和选择不同的算法。按照光谱匹配度计算的基础数据可将光谱匹配算法分为特征峰匹配算法（Spectral Matching Algorithm with Peak Information，SMA-P）和全光谱匹配算法（Spectral Matching Algorithm with Full Spectral Information，SMA-FS）两个类别，分别详细介绍如下。

（1）SMA-P SMA-P 是基于特征峰位与峰形的光谱匹配算法，即

$$M = \sum_i \sum_j e^{-(y_j - x_i)/2\sigma_i^2} W_{ij} R_j \quad\quad (1\text{-}7)$$

式中，y 为标准参照光谱；x 为待测样品光谱；y_j 为标准参照样品光谱的第 j 个特征峰位；x_i 是待测样品光谱的第 i 个特征峰位；σ_i 是待测样品光谱的第 i 个特征峰的标准差（Standard Deviation，SD）；W_{ij} 是待测样品光谱的第 i 个特征峰与标准参照样品光谱的第 j 个特征峰的联合权值；R_j 是待测样品光谱的第 j 个特征峰与标准参照光谱的所有特征峰的最大匹配度。

王静等指出计算不同红外光谱的相似度就是计算不同红外光谱谱线的相似度，假设两条红外光谱相似度较高，则两条光谱在相对应的波段均同时有特征峰或同时无特征峰。而对于每两个峰的匹配还需从多个角度度量，通常应从峰位、峰值、峰高、峰宽（左半宽、右半宽）和峰形指数等角度进行全面考量。具体匹配过程可用公式表述，即

$$|P_{\text{reference}} - P_{\text{sample}}| \leq E_{\text{err-W}} \quad\quad (1\text{-}8)$$

$$|A_{\text{reference}} - A_{\text{sample}}| \leq (1 - A_{\text{sample}}) E_{\text{err-A}} \quad\quad (1\text{-}9)$$

$$|W_{\text{reference}} - W_{\text{sample}}| \leq 2E_{\text{err-W}} \quad\quad (1\text{-}10)$$

$$|D_{\text{reference}} - D_{\text{sample}}| \leq D_{\text{reference}} E_{\text{sample}} \quad\quad (1\text{-}11)$$

$$pl = \frac{N_{\text{sample}} - N_{\text{m}}}{N_{\text{sample}}} \quad\quad (1\text{-}12)$$

$$pr = \frac{N_{\text{reference}} - N_{\text{m}}}{N_{\text{sample}}} \quad\quad (1\text{-}13)$$

式中，reference 表示标准参照样品光谱；sample 表示未知待测样品光谱；P 为特征峰位波段值；A 为特征峰位处的吸光度或光谱反射比；W 为特征峰宽度；D 为特征峰形状参数；pl 为丢失率；pr 为冗余度；N 为特征峰数量。

若 reference 和 sample 满足式（1-8）~ 式（1-13），则表明两者当前比较的特征峰一致性好。如此循环，逐个计算 reference 与 sample 所有特征峰的匹配度或一致性，若 pl 和 pr 均满足设定的阈值要求，则说明 reference 和 sample 是相互匹配的。

可见，使用上述方法进行光谱匹配时，仅能定性判断相互比较的光谱之间是否匹配，而不能精确地给出不同光谱之间的匹配度。

Mikael Brülls 等人选用 O-H 的合频吸收（5200cm^{-1} 或 1940nm）和一倍频吸收（6900cm^{-1} 或 1440nm）波段处的吸收峰作为目标分析波段，根据待测样品光谱在上述波段范围内的特征峰与标准参照样品光谱在上述波段范围内的相似度预测待测样品的水分含量。光谱特征峰示意如图 1-4 所示。

其中，峰位为光谱曲线在某一波段范围内的局部最大吸光度或光谱反射比，峰位两侧的局部最小吸光度或光谱反射比分别为特征峰的左、右边界。该定义为特征峰最理想的形式，通常随机噪声导致光谱曲线在较小的波段范围内出现多个如图 1-4 所示的区域，如果不采取其他限制或过滤措施，将导致识别出的特征峰列表中包含大量的 PP。

（2）SMA-FS SMA-FS 与 SMA-P 不同，通过广义距离度量方法计算不同光谱之间的相似度，距离越大光谱相似度越小，相反距离越小光谱相似度越大。常用的算法有总体最小二乘（Sum of Least Squares，SLS）、总体绝对差异（Sum of Absolute Value Difference，SAVD）、点积（Scalar Product，SP）和相关系数（Correlation Coefficient，CC）等，即

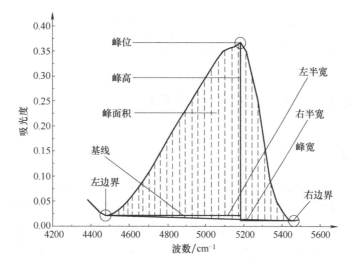

图 1-4　光谱特征峰示意

$$SLS(\text{sample},\text{reference}) = \sqrt{\frac{1}{n}\sum_{i=1}^{n}(A_i^{\text{sample}} - A_i^{\text{reference}})^2} \qquad (1\text{-}14)$$

$$SAVD(\text{sample},\text{reference}) = \frac{\sum_{i=1}^{n}|A_i^{\text{sample}} - A_i^{\text{reference}}|}{n} \qquad (1\text{-}15)$$

$$SP(\text{sample},\text{reference}) = \frac{\sum_{i=1}^{n}A_i^{\text{sample}}A_i^{\text{reference}}}{\sum_{i=1}^{n}A_i^{\text{sample}}\sum_{i=1}^{n}A_i^{\text{reference}}} \qquad (1\text{-}16)$$

$$CC(\text{sample},\text{reference}) = \frac{\sum_{i=1}^{n}(A_i^{\text{sample}} - \overline{A^{\text{sample}}})(A_i^{\text{reference}} - \overline{A^{\text{reference}}})}{\sum_{i=1}^{n}(A_i^{\text{sample}} - \overline{A^{\text{sample}}})^2 \sum_{i=1}^{n}(A_i^{\text{reference}} - \overline{A^{\text{reference}}})^2} \qquad (1\text{-}17)$$

式中，reference 表示标准参照样品光谱；sample 表示未知待测样品光谱；n 为两者在共同波段范围内所包含光谱数据点数；A_i 表示在重合波段范围内的第 i 个光谱数据点的吸光度值。

李兴等将光谱视为高维向量，即可使用向量间的夹角度量不同光谱之间的相似度，角度小则相似度高，角度大则相似度低。sample 与 reference 之间的角度距离即

$$\theta(\text{sample},\text{reference}) = \cos^{-1}\frac{\sum_{i=1}^{n}A_i^{\text{sample}}A_i^{\text{reference}}}{\sqrt{\sum_{i=1}^{n}A_i^{\text{sample}}}\sqrt{\sum_{i=1}^{n}A_i^{\text{reference}}}} \qquad (1\text{-}18)$$

Leung 等人则将距离计算方法引入光谱匹配度计算中，最常用的方法有绝对差异（Absolute Distance，AD）和欧式距离（Euclidean Distance，ED），即

$$AD(\text{sample},\text{reference}) = \sum_{i=1}^{n-1}|(A_i^{\text{sample}} - A_{i+1}^{\text{sample}}) - (A_i^{\text{reference}} - A_{i+1}^{\text{reference}})| \qquad (1\text{-}19)$$

$$ED(\text{sample},\text{reference}) = \sqrt{\sum_{i=1}^{n}(A_i^{\text{sample}} - A_i^{\text{reference}})^2} \qquad (1\text{-}20)$$

以上算法的实现细节将在后续章节展开介绍。

1.3 本书研究目的、内容和技术路线

1.3.1 研究目的

本书拟综合利用计算机软件、数据库技术、网络通信等信息技术对传统的光谱分析技术进行改进；以实现基于 NIR-SDBS 的快速分析为目标，重点研究大批量 NIR 光谱特征自适应提取方法、以光谱曲线为关键字的 NIR-SDBS 查询算法和基于 NIR-SDBS 的样品属性快速分析方法等，为基于 NIR-SDBS 实现标准参照样品信息共享和为用户提供辅助分析功能提供理论支撑；拟通过为每个类别的样品构建一个或多个标准类别中心，并将每个类别中心与一条 NIR 光谱相关联。在使用 NIR-SDBS 进行辅助分析时，首先计算待测样品 NIR 光谱与多个类别中心的相似度并对待测样品进行类别划分，其次在当前类别范围内逐一计算待测样品光谱与标准参照样品光谱的相似度，最后按照既定准则选择一定量的标准参照样品信息及其 NIR 光谱并建立待测样品分析模型。与传统的建模方法相比而言，NIR-SDBS 涵盖样品信息更加丰富，极大地降低了因样品覆盖范围小而导致模型失效的风险；通过光谱数据库查询算法选择的标准参照样品的光谱与待测样品 NIR 光谱相似度高，样品关联度优于传统的近红外建模分析方法。

1.3.2 研究内容

SDBS 存储和管理的样品及其光谱信息量远超传统光谱分析方法中的信息量，在光谱数据库查询过程中通常首先对待测样品光谱进行分层筛选，再进一步在初筛结果范围内选取与待测样品相似度最高的若干条参照样品信息用于建模分析。

对本书的主要研究内容归纳如下。

（1）NIR 光谱采集规范或标准研究与制订　针对所研究的样品特殊性，从样品抽取、样品预处理、样品保存、光谱仪性能、仪器参数设置和环境控制等方面制订 NIR 光谱采集规范或标准，从而确保参照样品及其光谱的代表性和规范性。

（2）光谱曲线特征自适应提取算法研究　传统的光谱特征提取算法通常需要人工界定关键参数，比如光谱平滑算法、平滑窗口大小等；针对不同的样品，其光谱特性也有明显差异，从而导致对有效特征峰的认定标准不尽相同，因此，难以通过统一的参数和算法有效提取任意样品的光谱特征峰参数。本书针对特定样品，通过综合研究光谱平滑算法、特征峰定位和识别算法、优选关键参数，达到通过计算机软件自动定位和计算 NIR 光谱特征峰及其参数的目的。

（3）针对性地研究光谱匹配算法　通过综合比较多种匹配算法在特定样品光谱匹配中的应用效果，优选光谱匹配算法。分别比较基于光谱特征峰参数，比如数量、特征峰位、特

征峰的左右半宽和整体宽度、特征峰的面积以及特征峰的形状等，分析光谱匹配效果的优劣，针对特定对象优选适宜的匹配方法；对比常用 SMA-FS，比如 AD、总体平方差（Sum of Square Differences，SSD）、光谱角（Spectral Angle，SA）、CC 和 ED 等，针对特定样品优选适宜的全光谱匹配算法。在优选算法的基础上，综合利用多种算法的优势，对存在的问题做针对性改进，提高算法的适应性和性能。

（4）分析与设计 NIR-SDBS，并开发 NIR-SDBS 原型系统 综合应用软件工程、数据库和软件开发等知识，实现 NIR-SDBS 原型系统的开发，为以上各项研究提供测试平台。

1.3.3 技术路线

技术路线如图 1-5 所示。

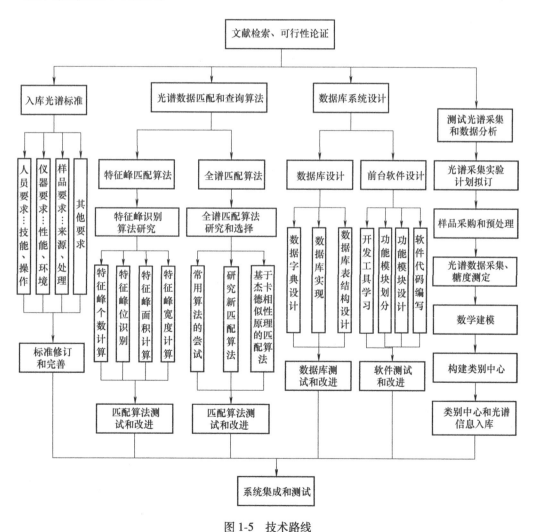

图 1-5 技术路线

1.4 本章小结

本章主要内容如下。

（1）课题研究背景　主要包括 NIR 光谱技术原理、利用 NIR 光谱进行定性和定量分析的流程、当前样品及其 NIR 光谱信息管理方式及存在问题，为进一步介绍 SDBS 做铺垫。

（2）SDBS 技术原理和国内外研究现状　主要包括 SDBS 的基本原理、SDBS 技术的关键要素和 SDBS 具有的优势；分别介绍了国内和国外在本领域取得的主要研究进展，尤其是 SDBS 与传统管理信息系统具有显著差异的查询算法的研究进展。

（3）本研究的意义　通过以上两项工作的铺垫，进一步阐述和强调了本选题的重要性和意义，详细介绍了研究内容和目的，整体介绍了采用的技术路线。

第 2 章 光谱数据库常用算法

2.1 光谱预处理算法介绍

受环境因素和样品本身特性的影响，样品光谱中常包含一些与待测目标物质无关的干扰信号，比如样品的物理性状、光的散射、外界杂散光的干扰以及仪器本身性能影响及限制等。因此，在正式开展分析之前对原始光谱进行预处理、消除干扰信号对提高分析结果质量十分必要。常用的光谱预处理算法有平滑、扣减、求导、归一化、标准化和多元散射校正等。

2.1.1 平滑

光谱平滑又称为数字滤波，其目的是去除无用的干扰信号，提取和保留有用信号，提高光谱的有效信息与噪声比，其本质是对光谱曲线低通滤波，通过去除高频噪声信息和保留低频信号的方法确保保留的信息与目标物质相关性。常见的平滑算法有箱车平均法、移动平均法、卷积平滑、高斯平滑和凯塞窗平滑等。

1. 箱车平均法

该方法是最常见、最基本的曲线平滑算法之一。其基本原理是将光谱曲线波段范围划分成若干个等分区间，平滑后每个等分区间仅保留一个数据点，保留数据点的值为各等分区间内所有数据点的平均值，原理如图 2-1 所示。

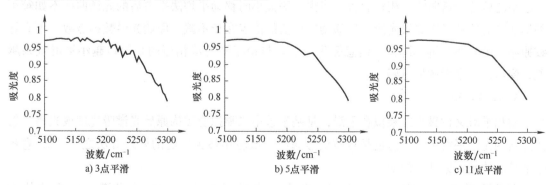

图 2-1 箱车平均法原理

可见，每个箱车内的数据点个数（即分段大小）对平滑效果影响显著，通常分段越大，平滑后的曲线越平滑；另一方面，箱车平均法平滑后的光谱数据点数将会有所减少，即光谱分辨率会降低，分段越大平滑后光谱数据点数越少，信号丢失越多。

2. 移动平均法

移动平均法是在箱车平均法基础上改进而来的，原理如图 2-2 所示，差异之处在于在移动平均法中的箱车是移动的。应用移动平均法平滑光谱时，一个固定宽度的箱车从光谱起始波数依次向后移动，每次移动一个光谱数据点。每当箱车移动到一个位置时采用箱车内所有数据点的均值替换箱车中间位置的吸光度或光谱反射比。假设箱车宽度为 5，箱车内的 5 点吸光度或光谱反射比分别为 P_1、P_2、P_3、P_4、P_5，则平滑后 P_3 的吸光度或光谱反射比可根据式（2-1）计算求得。

$$P_3 y^* = \frac{1}{5}\left(P_1 y + P_2 y + P_3 y + P_4 y + P_5 y\right) \tag{2-1}$$

式中，$P_i.y$ 为数据点 P_i 的原始吸光度或光谱反射比；$P_i.y^*$ 为平滑后数据点 P_i 的吸光度或光谱反射比。

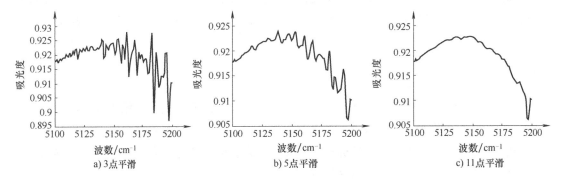

a) 3点平滑   b) 5点平滑   c) 11点平滑

图 2-2　移动平均法原理

图 2-2a 所示为经过窗口大小为 3 的移动平均法平滑后的光谱曲线，图 2-2b 所示为经过窗口大小为 5 的移动平均法平滑后的光谱曲线，图 2-2c 所示为经过窗口大小为 11 的移动平均法平滑后的光谱曲线。相较而言，当窗口等大小时移动平均法平滑后的光谱曲线不如箱车平均法平滑后的光谱曲线光滑。但移动平均法的优点在于不减少原始光谱数据点数，不会导致原始光谱曲线分辨率降低，信息丢失较少。与箱车平均法相似的是窗口越小平滑效果越差，窗口越大平滑效果越好。

3. 卷积平滑

卷积平滑又称最小二乘拟合平滑，是基于最小二乘拟合重构原始光谱吸光度或光谱反射比曲线的光谱平滑算法，这也是目前信号滤波领域应用最为广泛的处理方法之一。SG 卷积平滑算法的基本原理介绍如下。

假设平滑窗口宽度为 $n = 2k+1$，各个光谱数据点的吸光度或光谱反射比数值为 $S = (S_{m-k}, S_{m-k+1}, \cdots, S_{m+k-1}, S_{m+k})$，采用 $p-1$ 次多项式对窗口内的数据点进行拟合重构，即

$$S' = a_0 + a_1 x + a_2 x^2 + \cdots + a_{k-1} x^{p-1} \tag{2-2}$$

式中，S' 为经过多项式拟合后的光谱；x 为多项式自变量。

于是，可以构造式（2-3）所示的 n 个方程，即

$$\begin{pmatrix} S_{m-k} \\ S_{m-k+1} \\ \vdots \\ S_{m+k} \end{pmatrix} = \begin{pmatrix} 1 & m-k & \cdots & (m-k)^{p-1} \\ 1 & m-k+1 & \cdots & (m-k+1)^{p-1} \\ \vdots & \vdots & & \vdots \\ 1 & m+k & \cdots & (m+k)^{p-1} \end{pmatrix} \begin{pmatrix} a_0 \\ a_1 \\ \vdots \\ a_{p-1} \end{pmatrix} + \begin{pmatrix} e_{m-k} \\ e_{m-k+1} \\ \vdots \\ e_{m+k} \end{pmatrix} \tag{2-3}$$

式中，S_m 为光谱中第 m 个数据点的吸光度或光谱反射比；e 为残差。

用矩阵表示，即

$$S_{n\times 1} = X_{n\times p} \cdot A_{p\times 1} + E_{p\times 1} \tag{2-4}$$

由以上 n 个方程组合成 k 元线性方程组，若要使方程组有解，则需要使得 n 大于等于 p，通常选择 $n>p$，通过最小二乘拟合确定拟合参数 A，其最小二乘解 $\hat{A}$ 为

$$\hat{A} = (X^{\mathrm{T}}X)^{-1} \cdot X^{\mathrm{T}} \cdot S \tag{2-5}$$

则 S 的预测值或滤波后光谱吸光度或光谱反射比 $\hat{S}$ 为

$$\hat{S} = X \cdot \hat{A} \tag{2-6}$$

$$\hat{S} = X \cdot (X^{\mathrm{T}}X)^{-1} \cdot X^{\mathrm{T}} \cdot S \tag{2-7}$$

卷积平滑原理如图 2-3 所示。与移动平均法相同的是 SG 不会降低光谱分辨率，信息丢失率相对箱车平均法低。但针对随机噪声较为严重的波段，其平滑效果亦差于箱车平均法。此外，SG 的时间复杂度高于箱车平均法和移动平均法，当需要短时间内对大量的光谱做平滑时，对计算机的硬件平台性能和算法优化等要求更高。

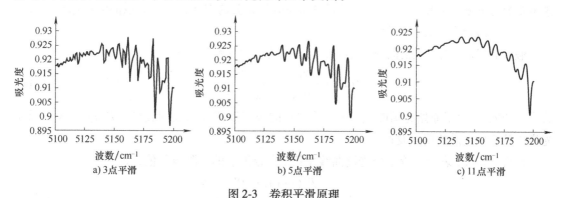

a) 3点平滑　　　　　　　　b) 5点平滑　　　　　　　　c) 11点平滑

图 2-3　卷积平滑原理

4. 高斯平滑

假定 $P_i \cdot y^*$ 为平滑后光谱的第 i 个吸光度或光谱反射比值，即

$$P_i \cdot y^* = \sum_{j=0}^{n-1} P_j \cdot y \frac{1}{\sqrt{2\pi}\,\sigma} e^{\frac{-(i-j)^2}{2\sigma^2}} \tag{2-8}$$

式中，$P_j \cdot y$ 为平滑前第 j 个数据点的吸光度或光谱反射比值；σ 为平滑系数，对平滑效果起决定性作用；e 为自然常数。

可见，高斯平滑后的每个数据点的吸光度或光谱反射比值均是基于原始光谱全部数据点的吸光度或光谱反射比拟合而来，其算法复杂度较 SG 平滑算法更高，且在光谱波段范围较大时，参与拟合的吸光度或光谱反射比值与目标波段的光谱反射比或吸光度值相关性较小，在光谱曲线平滑中应用效果不甚理想。

5. 凯塞窗平滑

与高斯平滑类似，凯塞窗平滑也是基于原始光谱曲线中的全部数据点逐个拟合目标光谱数据点的值，不同之处在于拟合函数有所区别，即

$$P_i \cdot y^* = \sum_{j=0}^{N-1} P_j \cdot y \frac{I_0\left\{ a \sqrt{1 - \left[\frac{2(N-j)}{N} - 1 \right]^2} \right\}}{I_0(a)} \tag{2-9}$$

式中，N 为光谱数据点数；I_0 为第一类 0 阶贝塞尔函数。贝塞尔函数（第一类 a 阶）的定义见式（2-10）。

$$I_a(x) = \sum_{m=0}^{+\infty} \frac{(-1)^m}{m! \, \Gamma(m+a+1)} \left(\frac{x}{2} \right)^{2m+a} \tag{2-10}$$

式中，$\Gamma(x)$ 函数为阶乘函数向非整形的推广，当 x 为正整数时，则 $\Gamma(x) = (x-1)!$。

2.1.2 扣减

扣减一般用于消除背景的影响，是从样品光谱中扣除特定波长的吸收值的过程。

2.1.3 导数或微分

对光谱曲线进行求导或微分运算，可以消除基线漂移和旋转变化，增强光谱特征，克服谱带重叠等问题。其中，一阶导数能够去除与波长无关的漂移，二阶导数能够消除与波长线性相关的基线漂移和旋转变化。

假设 $f'(i) \cdot y$ 表示光谱曲线中第 i 个数据点的一阶导数值，即

$$f'(i) \cdot y = \frac{P(i+1) \cdot y - P(i) \cdot y}{P(i+1) \cdot x - P(i) \cdot x} \tag{2-11}$$

式中，$P(i) \cdot y$ 表示原始光谱曲线第 i 个数据点的吸光度或光谱反射比值；$P(i) \cdot x$ 表示原始光谱中第 i 个光谱数据点波长。

假设 $f''(i) \cdot y$ 表示一阶微分光谱曲线中第 i 个数据点的二阶导数值，即

$$f''(i) \cdot y = \frac{P'(i+1) \cdot y - P'(i) \cdot y}{P'(i+1) \cdot x - P'(i) \cdot x} \tag{2-12}$$

式中，$P'(i) \cdot y$ 表示一阶微分光谱曲线第 i 个数据点的吸光度或光谱反射比值；$P'(i) \cdot x$ 表示一阶微分光谱中第 i 个光谱数据点波长。

更高阶导数的定义依次类推。在对 NIR 光谱进行分析时，最常见的微分为一阶和二阶微分。

如图 2-4 所示，以实例形式展示了 NIR 光谱一阶微分计算过程，并形象地展示了一阶微分与光谱曲线局部特性的对应关系。

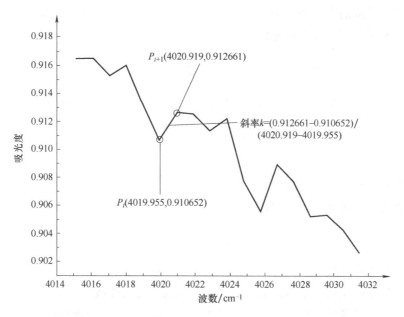

图 2-4　NIR 光谱一阶微分计算过程

2.1.4　标准化

1. 数据中心化

数据中心化的目的是改变数据空间的坐标原点，通常通过平移变换将数据集坐标原点平移到数据集的平均值，即

$$x_{ij}^{*} = x_{ij} - \overline{x}_j \quad (i = 1, 2, \cdots, n; j = 1, 2, \cdots, p) \tag{2-13}$$

式中，x_{ij} 为 x_i 光谱的第 j 个变量去除量纲前的值；x_{ij}^{*} 为 x_i 光谱的第 j 个变量去除量纲后的值。

经过平移变换后，新数据集的坐标原点与样品数据集的中心重叠。以上变换不会改变原始数据之间相互位置，也不会造成变量间关系的改变，但却能够给后续数据处理带来诸多便利，因此在光谱数据预处理中得到广泛应用。

2. 数据无量纲化

在处理和分析实际问题时，不一致的数据单位通常会给数据分析带来障碍。为了消除数据量纲效应，在数据分析之前通常需要对变量阈值范围进行压缩和变换，使每个变量的方差都变成 1，以此消除量纲对分析的影响。最常用的消除量纲的方法是方差法，即

$$x_{ij}^{*} = \frac{x_{ij}}{s_j} \tag{2-14}$$

式中，s_j 为第 j 个变量的方差。

以上方法通过除变量方差的方式消除量纲，也可以通过除变量最大值、最小值或平均值以达到消除量纲的目的。

2.1.5　多元散射校正

多元散射校正的目标是分离散射光信号和化学键的吸收信号。在多元散射校正中，通常

假设在任何波段的散射系数都是相等的。多元散射校正的过程简要介绍如下。

第一步，对所有需要校正的光谱求平均值，即

$$\overline{S} = \frac{1}{n} \sum_{i=1}^{n} S_i \tag{2-15}$$

式中，$\overline{S}$ 为平均光谱；S_i 为待校正的第 i 条光谱；n 为待校正的光谱数量。

第二步，使用平均光谱 $\overline{S}$ 做回归分析，即

$$S_i = k_i \overline{S} + b_i \tag{2-16}$$

式中，k_i 为回归系数；b_i 为常数项。

最后，重建和校正每一条光谱，即

$$S_{i-cor} = \frac{1}{k_i}(S_i - b_i) \tag{2-17}$$

式中，S_{i-cor} 为重建后的光谱。

通过多元散射校正可以消除镜面反射以及样品的不均匀性造成的随机干扰，扣减漫反射光谱的基线和光谱的随机差异。多元散射校正适用于组分变化范围较小的样品，对于组分变化范围较大的样品处理效果较差，主要原因在于多元散射校正的假设前提是任何波段的散射系数都是相等的。

2.1.6 标准正交变换

对光谱进行标准正交变换的目标与多元散射校正的目标相似，主要用于消除固体样品因颗粒大小、样品表面散射特性对反射光谱的影响。对光谱进行标准正交变换（SNV）处理的运算过程与对光谱标准化的计算过程相同，即

$$X_{SNV} = \frac{X - \overline{X}}{\sqrt{\dfrac{\sum_{k=1}^{m} (X_k - \overline{X})^2}{m - 1}}} \tag{2-18}$$

$$\overline{X} = \frac{\sum_{k=1}^{m} X_k}{m} \tag{2-19}$$

式中，X_{SNV} 为正交变换后的光谱；X 为原始光谱；$\overline{X}$ 为所有光谱数据点吸光度或光谱反射比的平均值；X_k 为第 k 个数据点的吸光度或光谱反射比；m 为光谱数据点数；$k \in [1, m]$。

SNV 与标准化的不同之处在于标准化是对一组光谱进行计算和处理，而 SNV 是对一条光谱进行处理。

2.2 NIR 光谱特征峰识别及其参数计算

光谱特征提取广义上包含平滑消噪、特征峰定位及参数计算和主成分分析及提取等。而

本书中的特征提取主要指近红外光谱特征峰的定位及其参数计算，包括峰位、峰高、峰宽（左半宽、右半宽）、峰面积和峰形等，分别介绍如下。

2.2.1　NIR 光谱的特点

通常，NIR 光谱的特征峰十分宽大，主要原因在于 NIR 波段谱带核心为倍频和合频吸收，主要由非谐性高的含氢官能团的吸收谱带占主导，比如不同 C—H 键对应的 NIR 吸收谱带见表 2-1。

表 2-1　不同 C—H 键对应的 NIR 吸收谱带　　　　　　　　（单位：nm）

	甲基 C—H	亚甲基 C—H	烯烃 C—H	芳烃 C—H
一级组合频	2250~2360	2290~2450	2120~2140	2150、2460
一级倍频	1695、1705	1725、1765	1620~1640	1680
二级组合频	1360、1435	1395、1415	1340	1420~1450
二级倍频	1150、1190	1210	1080~1140	1145
三级组合频	1015	1053	1040	—
三级倍频	913	934	—	875
四级倍频	745	762		

O—H 键的不对称性极大，从而导致 O—H 键的一级倍频吸收强度较大，检测信号强度强。比如，目前公认水分子中的 O—H 键在 1440nm（一级倍频）和 1940nm（组合频）两个波数存在特征吸收，通常检测农副产品、食品和药品中的含水情况均通过以上两个特征吸收测定；而醇类物质和酚类物质中的 O—H 键的特征吸收多出现在 1410nm（一级倍频）和 1000nm（二级倍频），与 N—H 键反对称伸缩一级倍频和对称伸缩振动的二级倍频吸收重合度较高；而其对应的伸缩振动和弯曲振动的组合频吸收则多在 2000nm，与 N—H 键的伸缩与弯曲振动组合频吸收重叠。

综上所述，在 NIR 波段存在较为严重的重叠和覆盖现象，主要原因在于 C—H 键、O—H 键和 N—H 键的特征吸收谱带之间存在较为明显的重叠。此外，在有机物中普遍存在不同物质中的这些化学键的特征吸收谱带高度相似而又存在细微差异的现象。因此，在进行 NIR 分析时，通常需要借助回归算法建立数学模型。也有少数学者采用 O—H 键对 NIR 的特征吸收峰，基于朗伯-比尔定律直接定量检测样品水分，检测精度可与偏最小二乘的模型精度相当。

由此可见，尽管在 NIR 波段存在严重的特征吸收谱带的严重重叠，但是样品成分在 NIR 波段的特征吸收仍在一定程度上直观地反映了样品的部分重要属性。并且，特征峰的另一项用途是衡量不同光谱之间的相似性，是两类光谱相似度或匹配算法中的一类，因此研究 NIR 光谱特征峰识别并计算其参数有重要的意义。

2.2.2　峰位

由光谱特征峰的曲线特性可知，光谱中某特征峰位的一阶导数值应满足式（2-20）

和式（2-21）。

$$f'(i) \times f'(i+1) < 0 \qquad (2\text{-}20)$$
$$f'(i) > 0 \qquad (2\text{-}21)$$

式中，i 表示光谱特征峰位数据点。若光谱曲线的两个相邻的一阶导数值异号，表明当前波段内光谱曲线前半段为单调递增，后半段为单调递减，第 i 个光谱数据点的吸光度或光谱反射比值为局部最大值。必须指出的是，有效光谱特征峰不能仅靠式（2-20）和式（2-21）判断，尤其是 NIR 光谱波段存在严重的谱带重叠，真正有效的特征峰通常较为宽大，而随机高频噪声往往造成局部高频扰动，干扰有效特征峰的识别，还应通过设置合理的峰宽、峰高、峰面积和峰形参数等过滤随机扰动产生的假性峰。

2.2.3 峰边界

特征峰边界指分布于有效光谱特征峰位两侧的局部最小值点，每个有效特征峰分别对应左、右两个边界。若第 i 个光谱数据点为某有效特征峰的左、右边界，则在该点处的一阶导数值应满足式（2-22）和式（2-23）。

$$f'(i) \times f'(i+1) < 0 \qquad (2\text{-}22)$$
$$f'(i) < 0 \qquad (2\text{-}23)$$

2.2.4 峰高

在特征峰高度定义方面，不同学者在不同研究任务中对其定义均可能存在一定的差异，在本书中将特征峰高度定义为从特征峰峰位到该特征峰对应波数处基线的竖直距离。

2.2.5 峰宽

部分研究将特征峰宽度进一步细分为左半宽和右半宽，左半宽为左边界到峰位点对应竖直线的距离，右半宽为右边界到峰位点对应竖直线的距离，特征峰总宽度为左半宽、右半宽的和。

2.2.6 峰面积

在特征峰面积定义方面，不同学者在不同研究任务中对其定义可能有所差异，大致可以分为两种。其一，将特征峰面积定义为特征峰的左边界、峰位、右边界和基线共同围成的封闭区域的面积；其二，将特征峰面积定义为光谱曲线、左右边界点分别对应的竖线和特征波段光谱对应的横坐标区域共同围成的封闭区域，在本书中采用第一种定义。

2.3 匹配算法

光谱匹配是指按照某种度量方式计算不同光谱之间相似度或距离的过程，根据计算相似度或距离的信息种类可将光谱匹配算法分为 SMA-P 和 SMA-FS 两类算法。

2.3.1 SMA-P

SMA-P 基于光谱特征峰参数计算不同光谱之间的相似度或距离。根据具体使用的参数，又可进一步将 SMA-P 划分为基于特征峰个数、面积、宽度、峰位、形状特征匹配等方法。

1. 基于特征峰个数的匹配

若 $Sim(S_1,S_2)$ 为不同光谱曲线 S_1 与 S_2 之间的相似度，则有

$$Sim(S_1,S_2)=\frac{min(S_{1.pn},S_{2.pn})}{max(S_{1.pn},S_{2.pn})} \tag{2-24}$$

式中，$S_{1.pn}$ 为光谱 S_1 的特征峰个数；$S_{2.pn}$ 为光谱 S_2 的特征峰个数；$min(\ )$ 为最小值函数；$max(\ )$ 为最大值函数。

可见，基于特征峰个数计算不同光谱之间的相似度或距离算法简单明了，但算法仅对特征峰个数进行比较，未考虑特征峰的位置对应关系、宽度、面积以及性状等参数，可能导致完全不相关的光谱匹配度却很高，难以体现特征峰与样品属性之间的关系等问题。因此，通常很少仅用这种方法计算光谱相似度或距离，而是常结合其他方法一起实现光谱相似度或距离的度量。

2. 基于特征峰面积的匹配

基于光谱特征峰面积计算光谱匹配度的过程可划分为 3 个阶段。

（1）阶段一　该阶段将 S_1 的特征峰与 S_2 的特征峰逐个比较，则有

$$Sim(p_1,p_2)=\frac{S_{O(p_1,p_2)}}{S_{U(p_1,p_2)}} \tag{2-25}$$

式中，$Sim(p_1,p_2)$ 为特征峰 p_1、p_2 之间的相似度；$S_{O(p_1,p_2)}$ 为 p_1、p_2 重合的面积；$S_{U(p_1,p_2)}$ 为 p_1、p_2 重合面积与非重合面积的和。

（2）阶段二　该阶段依次计算光谱 S_1 的每个特征峰 p_i 与光谱 S_2 的整体匹配度，则有

$$Sim(p_i,S_2)=\frac{1}{m}\sum_{j=1}^{m}Sim(p_i,p_j) \tag{2-26}$$

式中，$Sim(p_i,S_2)$ 为光谱 S_1 中第 i 个特征峰 p_i 与光谱 S_2 中所有特征峰累计匹配度；p_j 为光谱 S_2 中的第 j 个特征峰；m 为光谱 S_2 的特征峰个数。

（3）阶段三　该阶段计算 S_1 与 S_2 的总体匹配度，则有

$$Sim(S_1,S_2)=\frac{1}{max(m,n)}\sum_{i=1}^{n}Sim(p_i,S_2) \tag{2-27}$$

式中，$Sim(S_1,S_2)$ 为光谱 S_1、S_2 之间的总相似度；n 为光谱 S_1 的特征峰个数；$max(m,n)$ 为在 m 和 n 之间取大值。

与基于特征峰个数计算光谱相似度相较而言，基于特征峰面积的光谱相似度能够在一定程度上体现样品成分与浓度之间的对应关系，但匹配过程相对复杂。基于光谱特征峰面积计算光谱匹配度原理如图 2-5 所示。

3. 基于特征峰宽度的匹配

基于特征峰宽度计算光谱匹配度的过程与基于特征峰面积计算光谱匹配度的过程高度相似，其过程也可划分为 3 个阶段。

（1）阶段一　该阶段将 S_1 的特征峰逐个与 S_2 的特征峰比较，则有

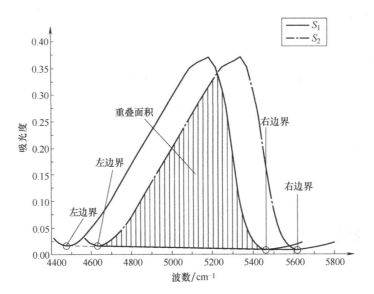

图 2-5　基于光谱特征峰面积计算光谱匹配度原理

$$Sim(p_1,p_2) = \frac{w_{O(p_1,p_2)}}{w_{U(p_1,p_2)}} \tag{2-28}$$

式中，$Sim(p_1,p_2)$ 为特征峰 p_1、p_2 之间的相似度；$w_{O(p_1,p_2)}$ 为 p_1、p_2 重合的宽度；$w_{U(p_1,p_2)}$ 为 p_1、p_2 重合宽度与非重合宽度的和。

（2）阶段二　该阶段依次计算光谱 S_1 的每个特征峰 p_i 与光谱 S_2 的整体匹配度，则有

$$Sim(p_i,S_2) = \frac{1}{m} \sum_{j=1}^{m} Sim(p_i,p_j) \tag{2-29}$$

式中，$Sim(p_i,S_2)$ 为光谱 S_1 中第 i 个特征峰 p_i 与光谱 S_2 中所有特征峰累计匹配度；p_j 为光谱 S_2 中的第 j 个特征峰；m 为光谱 S_2 的特征峰个数。

（3）阶段三　该阶段计算 S_1 与 S_2 的总体匹配度，则有

$$Sim(S_1,S_2) = \frac{1}{max(m,n)} \sum_{i=1}^{n} Sim(p_i,S_2) \tag{2-30}$$

式中，$Sim(S_1,S_2)$ 为光谱 S_1、S_2 之间的总相似度；n 为光谱 S_1 的特征峰个数；$max(m,n)$ 为在 m 和 n 之间取大值。

4. 基于特征峰峰位的匹配

基于光谱特征峰峰位的匹配度计算方法有多种，较常见的方法即

$$Sim(A,B) = 1 - \frac{|P_A - P_B|}{max(R_A,R_B) - min(L_A,L_B)} \tag{2-31}$$

式中，A、B 为光谱曲线的有效特征峰；P_A 和 P_B 分别为特征峰 A、B 的特征峰位；L_A 和 R_A 分别为特征峰 A 的左、右边界；L_B 和 R_B 分别为特征峰 B 的左、右边界。

可见，若特征峰 A、B 的波段之间没有重叠部分，则它们基于特征峰位的匹配度为 0，若特征峰 A、B 重合，则它们基于特征峰位的匹配度为 1。基于光谱特征峰位计算光谱匹配度的原理如图 2-6 所示。

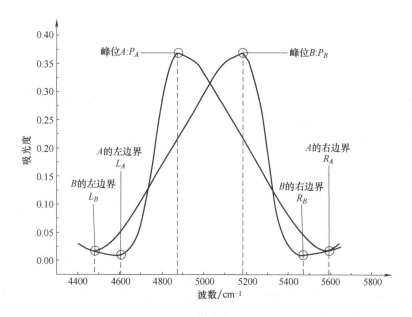

图 2-6　基于光谱特征峰位计算光谱匹配度的原理

5. 基于特征峰形状特征的匹配

广义的光谱特征峰形状特征包含光谱特征峰的各项参数，而通常光谱特征峰形状特征主要指面积与宽度的比值。在一些简单的应用中，将光谱特征峰作为一个整体对待，此时特征峰形状特征常以面积与宽度的比值表示，即

$$SI_A = \frac{S_A}{W_A} \tag{2-32}$$

式中，S_A 为特征峰 A 的面积；W_A 为特征峰 A 的宽度。

而在一些更为复杂的实际问题中，光谱特征峰左侧和右侧的形状往往存在较大差异，需要分为左、右半峰分别处理，则基于形状特征的特征峰 A 与特征峰 B 的匹配度为

$$Sim(A,B) = \frac{1}{2} \times \left(\frac{min\left(\frac{S_{lA}}{W_{lA}}, \frac{S_{lB}}{W_{lB}}\right)}{max\left(\frac{S_{lA}}{W_{lA}}, \frac{S_{lB}}{W_{lB}}\right)} + \frac{min\left(\frac{S_{rA}}{W_{rA}}, \frac{S_{rB}}{W_{rB}}\right)}{max\left(\frac{S_{rA}}{W_{rA}}, \frac{S_{rB}}{W_{rB}}\right)} \right) \tag{2-33}$$

式中，W_{lA} 为特征峰 A 的左半宽；W_{rA} 为特征峰 A 的右半宽；S_{lA} 为特征峰 A 左侧半峰面积；S_{rA} 为特征峰 A 右侧半峰面积；W_{lB} 为特征峰 B 的左半宽；W_{rB} 为特征峰 B 的右半宽；S_{lB} 为特征峰 B 左侧半峰面积；S_{rB} 为特征峰 B 右侧半峰面积。

6. SMA-P 算法特点

综上可见，SMA-P 计算光谱匹配度时根据使用参数的不同，算法的原理和复杂度存在显著差异。但就总体而言，基于特征峰计算不同光谱之间的匹配度都具有两个显著的优点：其一，对光谱分辨率不敏感，对于不同分辨率的光谱，完全可以基于特征峰参数计算它们之间的匹配度；其二，对于波段范围的敏感度较低，对于两条波段范围并不完

全一致的光谱，SMA-P 算法依然有效。但正因为以上两个特点，也通常导致 SMA-P 算法的精度较低。

2.3.2 SMA-FS

与 SMA-P 算法相比而言，SMA-FS 算法不再采用特征峰及其参数作为计算光谱相似性的依据，而是基于全波段范围内的所有数据点，借助广义距离度量方法计算不同光谱曲线之间的相似程度。通常使用的广义距离度量方法有广义绝对差异法、方差法、广义相关系数法、光谱夹角和欧几里得距离等。

1. 广义绝对差异法（AD）

若 S_A、S_B 分别为分辨率相同且有公共波段的光谱曲线，则在公共波段范围内 S_A、S_B 之间的广义绝对差异为

$$Dis(S_A, S_B)_{inter} = \frac{1}{n} \sum_{i=1}^{n} \left(\frac{|S_A(i).y - S_B(i).y|}{|S_A(i).y| + |S_B(i).y|} \right) \tag{2-34}$$

式中，n 为 S_A、S_B 在公共波段范围内的数据点数；$S_A(i).y$ 和 $S_B(i).y$ 分别为光谱 S_A、S_B 在公共波段范围内的第 i 个数据点数的吸光度或光谱反射比值。

光谱 S_A、S_B 的总体相似度为

$$Sim(S_A, S_B) = \frac{B_{S_A} \cap B_{S_B}}{B_{S_A} \cup B_{S_B}} (1 - Dis(S_A, S_B)_{inter}) \tag{2-35}$$

式中，B_{S_A} 和 B_{S_B} 分别为光谱 S_A、S_B 的波段范围；$B_{S_A} \cap B_{S_B}$ 为 S_A、S_B 波段范围的交集；$B_{S_A} \cup B_{S_B}$ 为 S_A、S_B 波段范围的并集。

可见，绝对差异法通过累积不同光谱在相同波段的吸光度或光谱反射比的绝对差异来体现不同光谱之间的"距离"，不同光谱之间的"距离"越大则其相似度就越低，反之"距离"越小则相似度越高。

2. 总体平方差法（SSD）

若 S_A、S_B 分别为分辨率相同且有公共波段的光谱曲线，则在公共波段范围内 S_A、S_B 之间的总体平方差为

$$Dis(S_A, S_B) = \frac{1}{n} \sum_{i=1}^{n} \left(\frac{S_A(i).y - S_B(i).y}{|S_A(i).y| + |S_B(i).y|} \right)^2 \tag{2-36}$$

式中，n 为 S_A、S_B 在公共波段范围内的数据点数；$S_A(i).y$ 和 $S_B(i).y$ 分别为光谱 S_A、S_B 在公共波段范围内的第 i 个数据点数的吸光度或光谱反射比值。

光谱 S_A、S_B 的总体相似度为

$$Sim(S_A, S_B) = \frac{B_{S_A} \cap B_{S_B}}{B_{S_A} \cup B_{S_B}} (1 - Dis(S_A, S_B)_{inter}) \tag{2-37}$$

式中，B_{S_A} 和 B_{S_B} 分别为光谱 S_A、S_B 的波段范围；$B_{S_A} \cap B_{S_B}$ 为 S_A、S_B 波段范围的交集；$B_{S_A} \cup B_{S_B}$ 为 S_A、S_B 波段范围的并集。

从本质上看，广义绝对差异法和总体平方差法并无区别。因此，与广义绝对差异法类似，累积平方差越大相似程度越低，累积平方差异越小相似程度越高。

3. 相关系数法（CC）

若 S_A、S_B 分别为分辨率相同且有公共波段的光谱曲线，则 S_A 与 S_B 的相似度为

$$Sim(S_A,S_B) = \frac{B_{S_A} \cap B_{S_B}}{B_{S_A} \cup B_{S_B}} Sim(S_A,S_B)_{\text{inter}} \tag{2-38}$$

式中，$Sim(S_A,S_B)_{\text{inter}}$ 为 S_A 与 S_B 在共同波段范围内的相关系数，即

$$Sim(S_A,S_B)_{\text{inter}} = \frac{n \times \sum_{i=1}^{n}[S_A(i).y \times S_B(i).y] - \sum_{i=1}^{n}S_A(i).y \times \sum_{i=1}^{n}S_B(i).y}{\sqrt{\left\{n\sum_{i=1}^{n}[S_A(i).y]^2 - \left[\sum_{i=1}^{n}S_A(i).y\right]^2\right\} \times \left\{n\sum_{i=1}^{n}[S_B(i).y]^2 - \left[\sum_{i=1}^{n}S_B(i).y\right]^2\right\}}}$$

$$\tag{2-39}$$

4. 光谱夹角法（SA）

根据光谱曲线的数据结构特性可知，光谱数据点的横坐标为波段，通常按照等间距依次增大，而纵坐标为吸光度或光谱反射比，体现样品成分对入射光的选择性吸收。因此，光谱之间的相互比较主要是在相同的波段位置的纵坐标数值的相互比较。若两条光谱的波段相同，可直接将光谱的纵坐标看作 n 维向量，计算光谱间距离的问题即可转化为计算不同向量之间的距离或夹角的问题，即

$$\theta = \cos^{-1}\left(\frac{\sum_{i=1}^{n}S_A(i).y \times S_B(i).y}{\sqrt{\sum_{i=1}^{n}[S_A(i).y]^2} \times \sqrt{\sum_{i=1}^{n}[S_B(i).y]^2}}\right) \tag{2-40}$$

而基于光谱夹角的光谱相似度为

$$Sim(S_A,S_B) = \cos\theta \tag{2-41}$$

式中，θ 表示两条光谱之间的夹角，位于 $[0°,90°]$，θ 越小则相似度越高，反之 θ 越大相似度则越低。

为了将相似度单位化，对光谱夹角进行余弦运算，将相似度阈值范围转换为 $[0,1]$，转换后相似度值越大相似度越高，相似度数值越小相似度越低。

5. 欧几里得距离法（ED）

与光谱夹角法类似，将光谱曲线的吸光度或光谱反射比值看作一个高维向量，则在共同波段范围内光谱 S_A 与 S_B 之间的距离可使用欧几里得距离法表示，即

$$Dis(S_A,S_B) = \sqrt{\sum_{i=0}^{n}[S_A(i).y - S_B(i).y]^2} \tag{2-42}$$

式中，$Dis(S_A,S_B)$ 表示 S_A 与 S_B 之间的距离（即差异大小）；$S_A(i).y$ 表示光谱 S_A 的第 i 个吸光度或光谱反射比值；$S_B(i).y$ 表示光谱 S_B 的第 i 个吸光度或光谱反射比值。

为了方便数据处理，将式（2-36）中光谱 S_A 与 S_B 之间的距离进行单位化，即

$$Dis(S_A,S_B)_{\text{inter}}^{N} = \frac{\sqrt{\sum_{i=0}^{n}[S_A(i).y - S_B(i).y]^2}}{\sum_{i=0}^{n}[|S_A(i).y| + |S_B(i).y|]} \tag{2-43}$$

通过式（2-43）变换之后，S_A 与 S_B 之间的距离范围被投影到 $[0,1]$，距离越大光谱相似度越低，距离越小光谱相似度越高，也可将距离计算转变为相似度计算，即

$$Sim(S_A, S_B)_{inter} = 1 - Dis(S_A, S_B)_{inter}^N \qquad (2-44)$$

变换后 S_A 与 S_B 之间的相似度仍然在 $[0,1]$，所不同的是相似度越大光谱相似程度越高，相似度越小光谱相似程度越低，公式变换后更加符合光谱匹配的概念。

综上所述，SMA-FS 算法要求相互比较的光谱具有相同的分辨率，光谱匹配的运算复杂度明显高于 SMA-P 算法。然而，SMA-FS 算法未舍弃光谱中的任何信息，没有信息丢失，能够精确体现不同光谱之间的相似度；相对而言，SMA-D 算法丢弃了非特征峰波段，存在大范围的信息丢失，仅能基于部分显著特征衡量不同光谱之间的相似度。

2.4 波段选择

在回归分析之前，选择有效波段范围对于 NIR 光谱分析而言十分必要，主要原因在于：首先，部分光谱波段不包含与样品结构相关的信息，与样品成分无相关性且重叠严重导致与样品成分相关性差，以上这些波段会导致模型质量降低；其次，外界的干扰和检测仪器本身的不稳定性都会给检测结果带来不稳定因素，尽管光谱预处理过程中能够消除一部分不利影响，但只要相关波段参与建模仍然会给建模结果带来一定的负面影响；再次，波段选择能减少数据量，提高模型效率；然而，有效波段的选择是十分困难的事情，尤其是当样品成分较为复杂时，无法凭借主观经验寻找相关的特征波段，这时需要借助数学手段选择特征波长。对常用的特征选择算法介绍如下。

2.4.1 经验法

经验法根据专家的经验选择建模波段，该方法对专家的经验依赖程度极高，此外，由于样品、仪器和环境等因素的变化常常导致光谱特征发生变化，从而导致专家经验失效的情况时有发生。

2.4.2 分段排序法

分段排序法将整个光谱波段范围划分为若干个子波段（可以等宽度，也可根据需要设置不同的宽度），再依次选取每个波段进行建模，根据各个模型的相关系数 R 和均方根误差（Root Mean Square Error，RMSE）对模型质量排序，最后再根据专家经验选择若干个排序靠前的波段建模。

2.4.3 相关系数法

相关系数法是依次从光谱矩阵中选择每个波段的吸光度或光谱反射比值组成向量 x，分析其与待测目标成分浓度向量 y 之间的相关性，相关系数越大说明当前波段包含的有用信息越多，对建模越重要。再结合一定的专家经验，设置相应的相关系数作为阈值，从而选出最优波段，假设 $r_{x,y}$ 为吸光度或光谱反射比值组成向量 x 与目标成分浓度向量 y 之间的相关系

数，则有

$$r_{x,y} = \frac{\sum\limits_{i=1}^{n}\left(x_i - \bar{x}\right)\left(y_i - \bar{y}\right)}{\sqrt{\sum\limits_{i=1}^{n}\left(x_i - \bar{x}\right)^2 \sum\limits_{i=1}^{n}\left(y_i - \bar{y}\right)^2}} \tag{2-45}$$

式中，$\bar{x}$ 为吸光度或光谱反射比值组成向量 x 大小的均值；$\bar{y}$ 为目标成分浓度向量 y 大小的均值。

2.4.4　方差分析法

运用相关系数法选择波段的先决条件是已经清楚目标物的组成或性质数据，而有些应用场景下需要在组成或性质数据未知的情况下选择波段。此时，常采用方差分析法优选波长。方差分析法选择建模波段流程如图 2-7 所示。

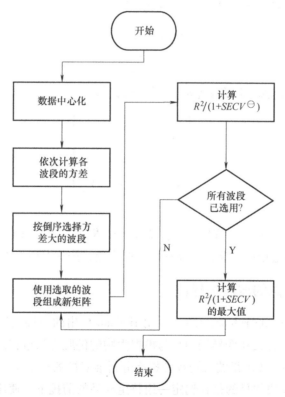

图 2-7　方差分析法选择建模波段流程

2.4.5　相关成分分析法

方差分析法中仅考虑了光谱反射比或吸光度数据矩阵本身的特性，若能将方差分析法与相关系数法相结合，将更有利于波段的选择。相关成分分析法即是从光谱吸光度或光谱反射

⊖　SECV（Standard Error of Cross-Validation）为交叉验证标准误差。——编者注

比数据矩阵与待测样品组分含量之间的相关性出发的一种波长选择方法。

如前文所介绍，光谱对应波段的数值离散程度越大，说明对应样品的差异也就越大，可能越利于数据分析。然而，离散程度大的波段并不一定是与待测目标浓度相关的波段，假如这些离散程度大的波段是由干扰造成的，不但不能为目标物检测提供帮助，反而会降低检测精度。

相关成分分析法正是为了克服该问题而提出，主要过程介绍如下。

首先，分别对光谱矩阵 X 和检测目标物浓度矩阵 Y 进行中心化处理，即

$$X'_{ij} = X_{ij} - \overline{X_j} \tag{2-46}$$

$$Y'_j = Y_j - \overline{Y} \tag{2-47}$$

式中，$\overline{X_j} = \dfrac{1}{n}\sum_{i=1}^{m} X_{ij}$；$m$ 为波长点数量；$\overline{Y} = \dfrac{1}{n}\sum_{i=1}^{n} Y_i$；$n$ 为样品个数。

然后，对样品成分浓度矩阵 Y 进行标准化，即

$$Y' = \dfrac{Y_i}{\sqrt{\sum_{i=1}^{n} Y_i^2}} \tag{2-48}$$

基于标准化后的浓度矩阵 Y' 构造 n 阶方阵 Y_m，即

$$Y_m = \begin{pmatrix} Y_{11} & 0 & \cdots & 0 \\ 0 & Y_{22} & \cdots & 0 \\ \vdots & \vdots & & \vdots \\ 0 & 0 & \cdots & Y_{nn} \end{pmatrix} \tag{2-49}$$

式中，$Y_{ij} = Y'_j$；$i, j \in [1, n]$。

最后，构造相关成分矩阵 $S = XY = [S_1, S_2, \cdots, S_m]^T$，其中 $S_i(i=1,2,\cdots,m)$ 为相关成分矩阵中的行向量。通过依次计算各个行向量 S_i 的方差，按从大到小依次选择相应波段建模。

2.4.6 基于遗传算法的波段选择法

遗传算法（Genetic Algorithms，GA）是由 Holland 提出的一种模拟生物进化过程的优化算法，主要通过选择、交叉和变异三种行为模拟生物的优胜劣汰过程。

在 NIR 光谱分析中，GA 是波长选择和提高分析准确性的重要途径。

光谱分析时选择波段的目的是在选定一组特定样品的前提下，使用尽可能少的，最具代表性的一个或几个波段的组合建立光谱与待测目标物浓度之间的模型。评价模型优劣的准则为相关性高（相关系数大），RMSE 小（预测值与真实值之间的差距小）。基于遗传算法选择光谱波段的算法流程介绍如下。

（1）划分区间 将光谱波段划分为 N 个子区间（为了方便起见，通常按照等长区间的划分方式），划分后的光谱即

$$S = S_1 S_2 \cdots S_N \tag{2-50}$$

式中，每一位 S_i 代表一个波段子区间，也称为基因，每位基因的取值为 0 或 1，为 1 时表示

当前波段参与建模，为 0 时表示当前波段不参与建模，将所有基因按照从前到后的顺序排列，即形成如图 2-8 所示的光谱分段对应基因序列，亦称为染色体。

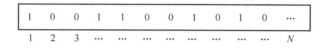

图 2-8 光谱分段对应基因序列

假设在以上基因序列中数值为 1 的基因片段数量为 r，则有 $r \geqslant 1$。

（2）对应某一基因序列 根据基因片段的取值情况，选择对应基因片段为 1 的样品进行 PCR/PLS-CV，可定义基因序列目标函数值，即

$$max[f(X)] = R\lambda = \frac{\sum_{i=1}^{n} (c_i^p - c^{-p})(c_i^o - c^{-o})}{\sqrt{\sum_{i=1}^{n} (c_i^p - c^{-p})^2} \sqrt{\sum_{i=1}^{n} (c_i^o - c^{-o})^2} \left[1 + \frac{1}{n} \sqrt{\sum_{i=1}^{n} (c_i^p - c^{-o})^2}\right]} \qquad (2\text{-}51)$$

式中，n 为样品数目；c_i^o 为样品 i 某一组分的浓度；c_i^p 为 PCR/PLS-CV 得到的样品 i 的某一组分的浓度；c^{-o} 为参与建模的 n 个样品某组分的平均浓度；c^{-p} 为 PCR/PLS-CV 得到 n 个样品某组分的平均浓度。

将波段选择问题转化为公式（2-51）的函数优化问题。

（3）选择算子 使用比例选择算子，即个体被选中并遗传给子孙的概率与个体本身的适应度成正比关系，具体通过以下方式。

1）个体适应度求和，即

$$F_{\text{sum}} = \sum_{k=1}^{M} F(X_k) = \sum_{k=1}^{M} f(X_k) \qquad (2\text{-}52)$$

式中，F_{sum} 为个体适应度之和；M 为种群中包含的个体数量，种群大小常见范围为 20~100。

2）计算个体适应度，并以此判断该个体是否被选中，并计算遗传到下一代的概率，即

$$P_{\text{selection}}^k = \frac{F(X_k)}{F_{\text{sum}}} = \frac{f(X_k)}{\sum_{j=1}^{M} f(X_j)} \qquad (2\text{-}53)$$

3）采用模拟轮盘的方式确定个体被选中的次数，显然个体的适应度越大被选中的概率则越大，其基因将会在种群中遗传扩大。

（4）交叉算子 以简单单点交叉算子为例，对个体进行两两随机配对，若种群大小为 M，则配对数量为 $M/2$；对每一组随机对，随机选择某一位置为交叉点；根据交叉概率（交叉概率多分布于 [0.4，0.99]）确定交叉点，交换个体的部分基因片段，产生新的个体，运算过程如图 2-9 所示。

（5）变异算子 以最简单的基本位变异为例，对于每一个基因位点以变异概率（变异概率多分布于 [0.0001, 0.1]）确定其是否为变异点；对于每一个变异点，将其基因值取反（由 1 变 0 或由 0 变 1）；检验结束条件，如果不满足结束条件，需重新选择变异点。运算过程如图 2-10 所示。

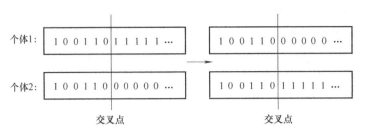

图 2-9　交叉算子运算过程

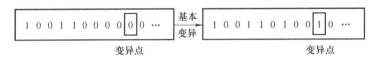

图 2-10　变异算子运算过程

2.4.7　CARS 波段选择法

CARS 算法英文全称为 Competitive Adaptive Reweighted Sampling，是近年新提出的变量选择方法，其优点在于能够克服变量选择过程中的组合爆炸问题，降低变量筛选的复杂度并改善变量选择结果。算法通过自适应重加权采样技术筛选 PLS 回归模型相关系数最高的波段，同时去除权值最小的波段，并利用交互验证选出验证均方根误差最小的波段组合，具体算法介绍如下。

假设 $X_{m×n}$ 为光谱矩阵，其中 m 为样品数量，n 为光谱数据点数（波段数），则以下各式成立

$$T = XW \tag{2-54}$$

$$Y = Tc + E = XWc + E = Xb + E \tag{2-55}$$

式中，W 为组合系数矩阵；Y 为待测目标成分浓度矩阵；T 为得分矩阵；c 为待测目标成分 Y 与得分矩阵 T 之间的回归系数；E 为残差矩阵；b 为 n 维向量。为了评价每个波段的重要性，特对每个波段赋予权值 w_i，则

$$w_i = \frac{|b_i|}{\sum_{i=1}^{n} b_i} \tag{2-56}$$

式中，b_i 中的第 i 个数值，为光谱的第 i 个波段对 Y 的贡献，其数值越大说明对 Y 越重要，是波段选择的重要依据。

具体步骤描述如下。

1）采用蒙特卡罗法采样 N 次，每次从样品集中抽取 80% 的样品作为建模集样品，20% 作为验证集样品，分别建立 PLS 模型。

2）利用指数衰减函数去除 $|b_i|$ 较小的波长点。假设第 i 次采样后波长点的保留率为 $r_i = ae^{-ki}$，其中 a 和 k 为常数，即

$$a = (n/2)^{1/(N-1)} \tag{2-57}$$

$$k = \frac{\ln(n/2)}{N-1} \tag{2-58}$$

式中，n 为 $\boldsymbol{b}$ 向量的维数。

通过 N 次自适应加权筛选，选出回归系数最大的波长点，用每次产生的新变量子集建立 PLS 模型，选择验证均方根误差最小的变量子集。

2.5 常用建模算法

2.5.1 定量建模算法

借助数学方法建立光谱和待测目标成分浓度之间的联系即称为数学建模。NIR 光谱定量建模方法可以分为线性建模方法和非线性建模方法两大类。

常用的线性建模算法主要有 MLR、PCR、PLSR 和以上方法的变形。相较而言，PCR 和 PLSR 均是基于全光谱信息进行压缩，选取少量独立波段建立回归模型，通过交叉验证防止过度拟合，比 MLR 所建模型质量高；PLSR 相较于 PCR 的优势在于 PLSR 选择的主成分一定与待测目标物相关，是在待测目标物浓度方向投影。PLSR 是目前 NIR 光谱定量建模中最主流、应用范围最广的方法之一。

常用的非线性建模算法主要有非线性 PLS、人工神经网络（Artificial Neural Network，ANN）、支持向量机（Support Vector Machine，SVM）等方法。ANN 的优点在于抗干扰和抗噪声能力强，在一定条件下可以降低误差。然而，由于 ANN 过度强调较小的训练误差，反而导致算法的泛化能力下降。相较而言，SVM 能够较好地解决 ANN 中存在的问题，在一些应用中 SVM 在学习能力和模型质量方面均优于 ANN，其逐渐在 NIR 光谱分析领域崭露头角。

1. MLR 算法简介

多元线性回归也称为逆最小二乘法或 $\boldsymbol{P}$ 矩阵法。假设样品 i 在波段 p 处的吸光度或光谱反射比值为 x_{ip}，待测组分浓度 y_i 可表示为

$$y_i = \beta_0 + \beta_1 x_{i1} + \beta_2 x_{i2} + \cdots + \beta_p x_{ip} + \varepsilon_i \tag{2-59}$$

式中，$\beta_i (i=0,1,2,\cdots,p)$ 为回归系数矩阵 $\boldsymbol{\beta}$ 的元素；ε_i 为随机误差，通常认为 $E(\varepsilon_i) = 0$，$D(\varepsilon_i) = \sigma^2$。

任意两次样品检测均为独立事件，则多次随机测试结果用矩阵表示为

$$\boldsymbol{Y} = \boldsymbol{X}\boldsymbol{\beta} + \boldsymbol{\varepsilon} \tag{2-60}$$

经矩阵运算，系数矩阵 $\boldsymbol{\beta}$ 满足以下关系，即

$$\boldsymbol{X}'\boldsymbol{Y} = \boldsymbol{X}'\boldsymbol{X}\boldsymbol{\beta} \tag{2-61}$$

$$(\boldsymbol{X}'\boldsymbol{X})^{-1}\boldsymbol{X}'\boldsymbol{Y} = \boldsymbol{\beta} \tag{2-62}$$

式中，$\boldsymbol{X}$ 为自变量矩阵；$\boldsymbol{X}'$ 为 $\boldsymbol{X}$ 的转置矩阵；$\boldsymbol{\varepsilon}$ 为残差矩阵。

可见，在 NIR 光谱分析中 MLR 算法存在以下问题。

1）参与建模的波段数量不能超过样品数量，否则会造成线性方程组无解。

2）MLR 未考虑参与建模波段是否与待测目标物相关，无法克服随机噪声与其他因素造成的光谱响应问题。此外，在处理实际问题过程中，波段选择任务复杂、难度大，比如，假设待分析光谱包含 2000 个波段，建模波段选择往往靠人工经验及多次尝试实现，工作量巨大。

2. PCR 算法简介

可以将 PCR 看作 MLR 的一种改进，它相对于 MLR 的优势在于能够解决共线性、波段数量限制和噪声干扰等问题。可将 PCR 算法看作由 PCA 和 MLR 两部分组成。在处理实际问题时，影响光谱分析的因素很多，比如，最为本质的样品成分，获取光谱信号的光谱仪，采集光谱前对样品的预处理，采集光谱过程中的环境因素控制和采集过程中的行为等。

一般认为尽管受许多因素的影响，但总会有独立变量存在。人们希望光谱中的最大变化与待检测的样品成分或性质引起的变化有关，建模波段的选择是依据这种变化幅度而不是绝对强度。而光谱的变化是多种因素共同作用引起的，可认为是多种因素各自产生的变化的累加，也可将光谱看作多种物质的"纯光谱"乘以各自的权值后相加得来。

在数学上称这些"纯光谱"为特征向量，而在化学计量学中称这些"纯光谱"为载荷向量、因子或主成分（PC），各个波段的权值与这些主成分的得分相对应。相较于 MLR，PCA 克服了波段个数的限制问题，理论上可以使用光谱涵盖的全部波段建立模型。

假设原始光谱矩阵为 X_n^m，则主成分矩阵 T 为

$$T_n^a = X_n^m P_m^a \tag{2-63}$$

式中，P_m^a 为各个波段的权值即得分矩阵。

在理论上，主成分矩阵 T 的维度可以和原始光谱矩阵 X 的维度相等，而实际应用中主成分矩阵 T 的维度远低于原始光谱矩阵 X 的维度。

在所有主成分中，排位第一的 PC 通常反映原变量的最大变化，排位第二的 PC 次之，依次类推。一般而言，排位靠前的少数几个 PC 就能够包含原始光谱矩阵 X 中的绝大部分有用信息，因此 PCR 通常仅在所有 PC 中选择少数几个参与建立回归模型。

此外，相较于 MLR 波段数量的限制，PCR 则可以使用全波段建模，一定程度上增强了模型的抗干扰性。但是，PCR 算法并不能保证所选的建模 PC 与待测成分的相关性，模型的质量难以得到保证。

3. PLSR 算法简介

PLSR 可以看作对 PCR 的改进与升级，针对 PCR 中无法保证所选用的 PC 与待分析成分相关的问题，PLSR 将待分析目标成分的多次观测结果矩阵 Y 引入到光谱矩阵 X 的分析过程中，在选取每个 PC 之前，首先交换 X 与 Y 的得分，使得光谱矩阵 X 的 PC 直接与目标成分观测结果矩阵 Y 相关联，从而确保了每次选取的 PC 均与目标物紧密相关，则目标成分观测结果矩阵 Y 与光谱矩阵 X 之间的关系为

$$\hat{Y} = XB_{pls} \tag{2-64}$$

式中，B_{pls} 为偏回归系数矩阵。

偏回归系数矩阵 B_{pls} 即

$$B_{pls} = w_1^* b_1^{\mathrm{T}} + w_2^* b_2^{\mathrm{T}} + \cdots + w_a^* b_a^{\mathrm{T}} \tag{2-65}$$

$$w_i^* = (I - w_1 p_1^{\mathrm{T}})(I - w_2 p_2^{\mathrm{T}}) \cdots (I - w_{i-1} p_{i-1}^{\mathrm{T}}) \tag{2-66}$$

$$b_i^{\mathrm{T}} = \frac{w_i^{\mathrm{T}} E_{i-1}^{\mathrm{T}} F_{i-1}^{\mathrm{T}}}{w_i^{\mathrm{T}} E_{i-1}^{\mathrm{T}} E_{i-1} w} \tag{2-67}$$

$$w^{\mathrm{T}} = u^{\mathrm{T}} X / (u^{\mathrm{T}} u) \tag{2-68}$$

式中，b_i 为权值向量；b_i^{T} 为 b_i 的转置向量；w_i 为缩减自变量的权值向量；w_i^{T} 为 w_i 的转置向量；w_i^* 为未缩减自变量的权值向量；p_i 为负荷向量；p_i^{T} 为 p_i 的转置向量；I 为单位矩阵；u 为目标成分观测结果矩阵；u^{T} 为 u 的转置矩阵。

PLSR 可以分为建模环节和预测环节两个流程，分别如图 2-11 和图 2-12 所示。

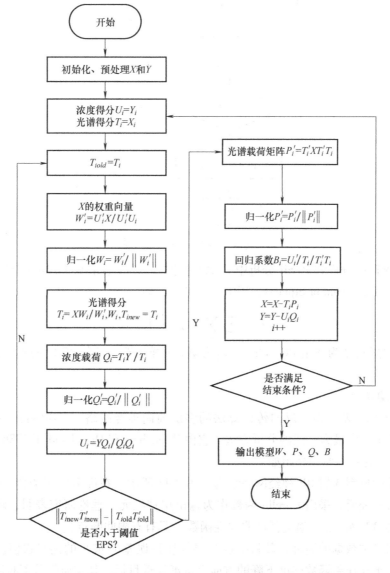

图 2-11　PLSR 建模环节流程

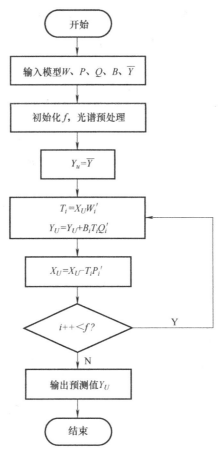

图 2-12　PLSR 预测环节流程

对于 PCA 回归分析和 PLSR 分析中 PC 数量选择问题，通常基于预测残差平方和（Predicted Residual Error Sum of Squares，PRESS）判别，即

$$P = \sum_{i=1}^{n} \sum_{j=1}^{f} (Y_{P,ij} - Y_i)^2 \tag{2-69}$$

式中，n 为样品量；f 为选用 PC 数量；$Y_{P,ij}$ 为第 i 个样品选用 f 个 PC 时的预测值；Y_i 为第 i 个样本的观测值。

4. ANN 算法简介

在 ANN 方面，基于误差反向传播算法的多层前向神经网络——BP 神经网络是目前在 NIR 光谱分析中应用最为广泛的分析方法。它由 Rumelhart 和 McCelland 于 1986 年设计完成，对 BP 神经网络的基本原理介绍如下。

一个简单的典型 3 层 BP 神经网络结构如图 2-13 所示。在许多应用场合常用 Sigmoid 函数作为隐含层神经元，采用 Purelin 函数作为输出层神经元。理论研究表明，隐含层神经元足够多的 3 层 BP 网络能够逼近任何非线性函数（具有有限间断点）。

对于一组样本数据的训练，其目标就是寻找使得误差 E 最小的网络权值。最基本的方法是连续不断地在误差函数梯度下降的方向上逐渐逼近目标，其实质就是不断地调整权值和偏置值，调整函数的形状，网络训练完成即获得最优的权值和偏置。

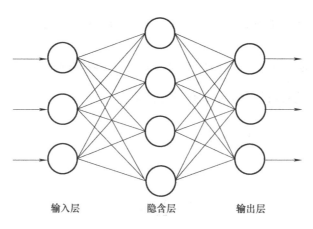

输入层　　　　隐含层　　　　输出层

图 2-13　典型 3 层 BP 神经网络结构

5. SVM 算法简介

SVM 相较于传统的学习算法，其结构更加简单，能够解决传统神经网络难以解决的问题，在各项技术指标上均有显著提高。近年来，SVM 逐步被应用到 NIR 光谱分析中来。对 SVM 的基本原理和建模主要环节介绍如下。

（1）SVM 的基本原理　SVM 的基本原理是将输入向量向另一个高维特征空间投影，即

$$\varphi(x) : R_n \rightarrow F \tag{2-70}$$

式中，$\varphi(x)$ 为特征映射；R_n 为输入向量；F 为投影后的特征空间；SVM 训练过程即可理解为在高维空间 F 中构建最优分类面的问题，问题可进一步转化为由输入 x_i 和 x_j 计算 $\varphi(x_i)$ 与 $\varphi(y_i)$ 的内积，即

$$\varphi(x_i) \cdot \varphi(y_i) = K(x_i, y_i) \tag{2-71}$$

式中，$K(x_i, y_i)$ 为内核函数，简称核函数。

当特征空间 F 维度较高时，直接计算式（2-71）左侧是十分耗时的，而通过计算式（2-71）右侧部分则可大大降低复杂度。

（2）SVM 回归的基本过程　假设现需要使用线性回归函数拟合 $\{x_i, y_i\}$，其中 $i = 1, \cdots, n$，$x_i \in \mathbf{R}^n$，$y_i \in \mathbf{R}$。根据 SVM 理论，可采用线性 ε 不敏感损失函数，即

$$|f(x) - y|_\varepsilon = \begin{cases} 0 & |f(x) - y| \leqslant \varepsilon \\ |f(x) - y| - \varepsilon & \text{其他} \end{cases} \tag{2-72}$$

式中，ε 为大于零的常数。

当 $f(x)$ 与 y 的差别小于 ε 时不计入总误差，当 $f(x)$ 与 y 的差别大于 ε 时计入误差部分并由式（2-72）求得。

进一步将问题的约束条件转化，即

$$\begin{cases} y_i - w \cdot x_i - b \leqslant \varepsilon + \xi_i \\ w \cdot x_i + b - y_i \leqslant \varepsilon + \xi_i^* \end{cases} \quad i = 1, 2, \cdots, n \tag{2-73}$$

式中，w 为系数矩阵；b 为常数项；ξ_i 与 ξ_i^* 为松弛因子。

最小化目标函数则可转化为式（2-74）。

$$\phi(w, \xi_i, \xi_i^*) = \frac{1}{2} w \cdot w + c \sum_{i=1}^{n} (\xi_i + \xi_i^*) \qquad (2\text{-}74)$$

式中，$\frac{1}{2} w \cdot w$ 能够提高模型泛化能力；c 为误差超出界限时的惩罚力度。

在式（2-75）的约束条件下的最大化目标函数为

$$\begin{cases} \sum_{i=1}^{n} (a_i - a_i^*) = 0 \\ 0 \leqslant a_i, a_i^* \leqslant c \end{cases} \qquad i = 1, 2, 3, \cdots, n \qquad (2\text{-}75)$$

$$f(x) = (w \cdot x) + b = \sum_{i=1}^{n} (a_i^* - a_i)(x_i \cdot x) + b \qquad (2\text{-}76)$$

式（2-76）中，a_i^* 为支持向量；a_i 为拉格朗日因子向量。其通常仅是全波段光谱数据点中的一小部分，且应满足对应波段在不同样本间的变化较大，在 NIR 光谱分析中即为因样本成分本身引起的变化较大的波段，使用核函数取代内积运算可得到非线性拟合函数，即

$$f(x) = (w \cdot x) + b = \sum_{i=1}^{n} (a_i^* - a_i) K(x_i, x) + b \qquad (2\text{-}77)$$

2.5.2 定性建模算法

NIR 光谱定性分析多用于生产过程中的质量控制。比如，产品质量在线监控，农副产品的产地和品质鉴别等。NIR 光谱的定性分析方法可以分为有监督和无监督两个大类，有监督的分析方法主要有 SVM、判别分析（Discriminate Analysis，DA）、线性学习机和 ANN 等，无监督的分析方法主要有聚类分析和最小生成树等。部分算法在前文已有所描述，对于上文未出现的算法详述如下。

1. 聚类分析

聚类分析是近红外光谱分类分析方法的典型代表，在没有任何关于样品的先验知识的情况下，根据样品光谱特性将其划分为不同的类别。其基本原理在于认为样品的近红外光谱能够很好地表征样品的成分，反映其组成及结构信息，光谱相似度越高则样品相似度越高，光谱相似度越低则样品相似度越低。

在进行聚类分析之前，常需要对光谱数据进行预处理，常用的方法有中心变换、标准化、极差标准化和对数变换等。在经过预处理后，常借助距离或相似计算方法计算不同样品之间的距离或相似度。常用的距离计算方法多在前文中已经有所介绍，这里不再赘述。基于这些距离度量方法又进一步衍生出多种聚类算法。比如，系统聚类法、判别聚类法、最短路径法和最小生成树等方法。其中，以系统聚类法应用最为广泛，其基本工作原理是先将每个样品单独划分为一个类别，然后在各自成类的样品中合并距离最小的两个类，每次减少一个类，如此重复多次直至所有样品归为同一类别为止。

根据系统聚类法中所采用的分类依据的不同，可进一步将算法划分为多种细分类别，分别详细介绍如下：

（1）最小距离法　假设 G_1，G_2，$\cdots$，G_n 为 n 个类别，$D_{i,j}$ 表示类别 G_i，G_j 之间的距离，

则有

$$D_{i,j} = \min\{d_{k,l}\} \tag{2-78}$$

式中，$d_{k,l}$ 表示样品 k，l 之间的距离。

聚类过程可以细分为以下步骤。

1）构造样本两两之间的距离矩阵 $\boldsymbol{D}$，将每个样本自成一类。

2）在距离矩阵 $\boldsymbol{D}$ 非对角线（非各样本与自身的距离）选取最小距离 $D_{i,j}$，将 G_1 和 G_2 合并为一类，记为 G_r，则 G_1 和 G_2 即为类别 G_r 中的样品。

3）计算 G_r 与其他类别之间的距离，更新距离矩阵 $\boldsymbol{D}$。

4）重复步骤 1）~3），直至所有样本归为一类结束算法。

（2）最大距离法　最大距离法的算法流程与最小距离法高度一致，不同之处仅仅是合并依据由最小距离变更为最大距离，不再赘述。

（3）加权距离法　假设拟将 G_i，G_j 合并为 G_r，则合并后可更新距离矩阵，即

$$D_{r,s} = \sqrt{\frac{1}{2}D_{s,i}^2 + \frac{1}{2}D_{sj}^2 + \beta D_{i,j}^2} \tag{2-79}$$

式中，$D_{r,s}$ 为 G_r 到其他类的距离；β 的取值范围为 $[-0.25,0]$，在此区间范围内可根据需求不同对参数 β 赋予不同的值，当取 -0.25 时为中间距离。

（4）重心法　重心法计算不同类之间的距离时以两个类重心之间的距离作为划分依据，假设 n_i 和 n_j 分别为类别 G_i 和 G_j 中所包含的样本数量，合并 G_i 和 G_j 后产生新类别 G_r 的重心为

$$\overline{X}_r = \frac{1}{n_r}(n_i\overline{X}_i + n_j\overline{X}_j) \tag{2-80}$$

式中，$\overline{X}_i$ 为类别 G_i 的重心；$\overline{X}_j$ 为类别 G_j 的重心。

假设另外一个类别 G_s 重心为 $\overline{X}_s$，则 G_r 与 G_s 之间的距离为

$$D_{r,s} = \sqrt{\frac{n_i}{n_r}D_{s,i}^2 + \frac{n_j}{n_r}D_{s,j}^2, -\frac{n_i}{n_r}\cdot\frac{n_j}{n_r}D_{i,j}^2} \tag{2-81}$$

（5）离差平方和法　假设现有 k 个类别 G_1，G_2，$\cdots$，G_k，则类别 G_j 的离差平方和为

$$S_j = \sum_{i=1}^{n_j}(X_{ij} - \overline{X}_j)'(X_{ij} - \overline{X}_j) \tag{2-82}$$

$$S = \sum_{j=1}^{k}S_j \tag{2-83}$$

式中，X_{ij} 为类别 G_j 的第 i 个样品；n_j 为类别 G_j 中的样品数量；$\overline{X}_j$ 为类别 G_j 的重心；S 为 k 个类别的总体离差平方和。

与基于距离的方法相同，离差平方和法将初始 n 个样本均独立成类，在后续合并过程中始终有限合并导致离差平方和变化最小的类，如此重复多次，直至所有样品合并为一个类别终止。

2. DA 分析

如上所述，聚类分析为无监督模式的分类分析方法，在 NIR 光谱分析中还常用另外一

类有监督模式的定性分析方法（DA），包括线性判别、K 邻近判别、簇类独立判别（Soft Independent Modeling of Class Analogy，SIMCA）和 SVM 等方法，分别简要介绍如下。

（1）线性判别　线性判别主要基于线性分类函数实现类别划分。假设训练集中有 K_1 和 K_2 两类样品，则线性判别过程为

$$\begin{cases} \boldsymbol{w}^{\mathrm{T}}\boldsymbol{x}>0 & \boldsymbol{x}\in K_1 \\ \boldsymbol{w}^{\mathrm{T}}\boldsymbol{x}<0 & \boldsymbol{x}\in K_2 \end{cases} \tag{2-84}$$

式中，$\boldsymbol{w}$ 为待找寻的使不等式成立的矢量。

线性判别算法的流程如下。

1）随机产生一个与样本维度相同的矢量 $\boldsymbol{w}$ 作为初始分类矢量。

2）在训练集样品范围内进行如下操作，如果属于 K_1 的样本 $\boldsymbol{x}$ 与分类矢量 $\boldsymbol{w}$ 的乘积满足 $\boldsymbol{w}^{\mathrm{T}}\boldsymbol{x}>0$，则 $\boldsymbol{w}_{\mathrm{new}}=\boldsymbol{w}_{\mathrm{old}}$，否则需修正分类矢量 $\boldsymbol{w}$，即

$$\boldsymbol{w}_{\mathrm{new}}=\boldsymbol{w}_{\mathrm{old}}-b\boldsymbol{x} \tag{2-85}$$

式中，b 为系数，由下式确定，即

$$b=2\frac{\boldsymbol{w}_{\mathrm{old}}^{\mathrm{T}}\boldsymbol{x}}{\|\boldsymbol{x}\|^2} \tag{2-86}$$

对与属于 K_2 类的样本的处理方式与 K_1 类样本的处理方式类似，重复上述步骤直至所有样本均正确分类为止。

（2）K 邻近判别　K 邻近判别的核心思想是通过每个样本到各个类别重心的距离判定样本归属。实际操作过程中，常通过逐一计算样本与训练集各个样本之间的距离，从中选出距离最小的 k 个样本，如果 $k=1$，则能够直接确定样本的归类；如果 $k>1$，则需要通过相应的判别函数计算样本归类到相应类别的概率，即

$$S=\sum_{i=1}^{k}\left(S_i/D_i\right) \tag{2-87}$$

式中，S_i 为训练集的第 i 个样本值；D_i 为待分类样本与样本 i 之间的距离，也可理解为权值，即距离越大权值越小，距离越小权值越大。

假设仅考虑两个类别的情况，S_i 的取值规律由式（2-88）表示为

$$\begin{cases} S_i=1 & 样本 i 属于第一类 \\ S_i=-1 & 样本 i 属于第二类 \end{cases} \tag{2-88}$$

（3）SIMCA　SIMCA 是基于 PCA 构建的一种分类算法，主要包含两个步骤。首先，为每一个类别建立一个 PCA 模型；其次，对待分类样本逐一调用模型拟合进而归类。主要原理和运算过程为

$$\boldsymbol{X}_k=\boldsymbol{T}_k\boldsymbol{P}_k^{\mathrm{T}}+\boldsymbol{E}_k \tag{2-89}$$

式中，$\boldsymbol{X}_k$ 为第 k 个类的光谱构成的数据矩阵，类内样本数量为 n，选择数据点数为 p，即 $\boldsymbol{X}_k$ 为 (n,p) 的矩阵；$\boldsymbol{T}_k$ 为得分矩阵，维度为 (n,f)；$\boldsymbol{P}_k$ 为载荷矩阵，维度为 (p,f)；$\boldsymbol{E}_k$ 为残差矩阵，维度为 (n,p)。若 $\boldsymbol{E}_k$ 满足正态分布，则

$$s^2=\sum_{i=1}^{n}\sum_{j=1}^{p}\frac{e_{ij}^2}{(n-f-1)(p-f)} \tag{2-90}$$

式中，s^2 为光谱残差矩阵 $\boldsymbol{E}_k$ 的方差；e_{ij} 为第 i 个样本在波长 j 处的残差。对于未知样本的分类过程为

$$\boldsymbol{t}_{\text{new}}^{\text{T}} = \boldsymbol{x}_{\text{new}}^{\text{T}} \boldsymbol{P}_k \tag{2-91}$$

$$\boldsymbol{e}_{\text{new}}^{\text{T}} = \boldsymbol{x}_{\text{new}}^{\text{T}} - \boldsymbol{t}_{\text{new}}^{\text{T}} \boldsymbol{P}_k^t \tag{2-92}$$

$$s_{\text{new}}^2 = \sum_{i=1}^{P} \frac{e_{ij}^2}{p-f} \tag{2-93}$$

式中，$\boldsymbol{t}_{\text{new}}$ 为 $\boldsymbol{x}_{\text{new}}$ 的得分矩阵；$\boldsymbol{x}_{\text{new}}$ 为未知样本；$\boldsymbol{e}_{\text{new}}$ 为 $\boldsymbol{x}_{\text{new}}$ 的残差。

若 s_{new}^2 大于类别 k 的残差平方和，则将未知样本归入类别 k，否则不属于类别 k。

（4）SVM　SVM 分类主要基于最优分类面思路，所谓最优分类面为既要正确区分不同类别的样本，又要使不同类别之间的样本距离最大化，其基本原理如图 2-14 所示。

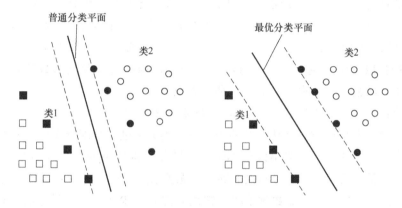

图 2-14　SVM 分类基本原理

若假设两个线性可分的类别构成样本集 (x_i, y_i)，其中 i 属于 $[1, n]$，n 为样本集中包含的样本个数，y 为类别标记，其取值为 $+1$ 或 -1，在 d 维空间内构造分类函数的通式一般为 $g(x) = \boldsymbol{w}^{\text{T}} x + b$，若要对两类样本均正确分类，则应有 $|g(x)| \geq 1$，若距离分类面最近的样本 x 满足 $|g(x)| = 1$，将分类面到类别的距离表示为 $2/\|\boldsymbol{w}\|$，则可将最优分类面问题转化为 $\|\boldsymbol{w}\|$ 最小值问题，从而可在 $y_i(\boldsymbol{w}^{\text{T}} x_i + b) - 1 \geq 0$ 的约束条件下，构造优化函数，即

$$L(\boldsymbol{w}, b, a) = \frac{1}{2} \boldsymbol{w}^{\text{T}} \cdot \boldsymbol{w} - \sum_{i=1}^{n} a_i [y_i(\boldsymbol{w}^{\text{T}} x_i + b) - 1] \tag{2-94}$$

式中，$\boldsymbol{w}$ 为分类面；a 为拉格朗日系数；b 为常量。

问题进一步转化为式（2-94）对 w 和 b 求最小值问题。分别将式（2-94）对 w 和 b 求偏微分并将其赋值为 0，则可将问题进一步转化为求最大值问题，即

$$Q(a) = \sum_{i=1}^{n} a_i - \frac{1}{2} \sum_{i=1}^{n} \sum_{j=1}^{n} a_i a_j y_i y_j (\boldsymbol{x}_i^{\text{T}} \boldsymbol{x}_j) \tag{2-95}$$

通过上述变换，将问题转化为在不等式 $\sum_{i=1}^{n} a_i y_i = 0$ 和 $a_i \geq 0$ 约束条件下求极值问题，即

存在唯一最优解且必须满足 $a_i [y_i(\boldsymbol{w}^{\text{T}} x_i + b) - 1] = 0$。假设 a_i^* 为最优解，则 $\boldsymbol{w}^* = \sum_{i=1}^{n} a_i^* y_i \boldsymbol{x}_i$，对于绝大多数的样本 a_i^* 为 0，少数 a_i^* 不为 0 的样本即为支持向量，进一步构造最优分类函

数，即

$$f(x) = \mathrm{sgn}(\boldsymbol{w}^{*\mathrm{T}}\boldsymbol{x}_i + b^*) = \mathrm{sgn}\Big(\sum_{i=1}^{n} a_i^* y_i \boldsymbol{x}_i^{\mathrm{T}} x + b^*\Big) \tag{2-96}$$

式中，sgn( )为符号函数；b^*为分类阈值，可由任意一个支持向量结合约束条件 $a_i[y_i(\boldsymbol{w}^{\mathrm{T}}\boldsymbol{x}_i + b) - 1] = 0$ 求得。

当一个超平面划分效果差时，可以引入松弛因子改善分类结果，其基本原理已在前文中介绍，此处不再赘述。

2.6 本章小结

本章主要介绍了光谱分析过程中常用的算法，按照光谱分析环节可以分为以下几种。

（1）光谱预处理算法　主要用于正式开展分析之前对原始光谱进行预处理以消除干扰信号，常用算法有平滑、扣减、求导、归一化、标准化和多元散射校正等。

（2）特征提取算法　主要介绍了近红外光谱特征峰的定位及其参数计算，包括峰位、峰边界、峰高、峰宽（左半宽、右半宽）和峰面积等。

（3）光谱匹配算法　光谱匹配算法是 SDBS 最为重要的支持算法，按照匹配过程中使用的光谱特征不同分为 SMA-P 和 SMA-FS 两类，每一类又可进一步细分多种具体算法。

（4）波段选择　由于部分光谱波段不包含与样品结构相关的信息或与样品成分相关性差会导致模型质量降低，波段选择不仅能够去除无关信息，还能减少数据量，提高模型精度与算法效率。波段选择需要借助数学手段，常用方法有经验法、分段排序法、相关系数法、方差分析法、相关成分分析法、基于遗传算法的波段选择法和 CARS 波段选择法等。

（5）光谱建模算法　光谱建模算法可以分为定量分析和定性分析两大类，每大类又可细分为多种具体的建模算法，比如，常用定量建模算法有 MLR、PCR、PLSR、ANN 和 SVM 等，常用定性建模算法分为有监督的分类算法和无监督的聚类算法等。

第 3 章　一种自适应平滑算法在苹果 NIR 光谱分析中的应用

3.1　引言

在 NIR 分析技术中，漫反射模式无须或仅需要对样品做简单预处理，多数情况下可直接检测，其便捷的检测与分析方式决定了它在 NIR 光谱分析中应用十分广泛，尤其是在固体或粉末样品的检测中占有重要地位。在大多数情况下，NIR 光谱分析是通过建立回归模型，再调用模型对未知样品进行预测，像中红外和拉曼光谱分析直接使用特征峰确定样品成分及含量的分析手段在 NIR 光谱分析中十分少见。主要原因在于 NIR 波段谱带重叠严重，难以将光谱特征峰与某种具体的成分对应。但这并不能说明特征峰在 NIR 光谱分析中没有任何用处，同样有学者基于 NIR 光谱特征峰成功分析了待测目标。比如，Mikael 等人通过比对待测样品 NIR 光谱特征峰面积和标准参照样品 NIR 光谱特征峰面积，实现了对样品水分含量的检测并与偏最小二乘回归模型进行比较，结果表明两种分析方法的精度相当。除此之外，NIR 光谱特征峰及其参数在光谱数据库中应用范围更加普遍。

欲基于 NIR 光谱特征峰信息分析物质属性，必须首先能够准确定位 NIR 光谱特征峰并正确计算其参数。在技术发展早期阶段，光谱特征峰识别仅需要确定峰位信息；也有研究将光谱特征峰按照吸光度或光谱反射比值划分为高、中、低 3 个强度层级，而不计算特征峰的具体高度；还有一些研究基于 ANN 实现特征峰定位及相应参数的计算，这种方法不但消耗较长的时间且训练结果依赖于训练集样品的分布与代表性；Oi-Wah 等人采用高度与宽度阈值过滤窄小、低矮的假性峰，并将光谱及其特征信息存入 SDBS 中，以便后续分析过程中获取和重新利用已有的样品信息；Vivo-Truyols 等人通过寻找二阶导数光谱的负值区域来判定特征峰位，进而再计算特征峰对应的参数指标。然而，在实际测量的光谱中不仅包含实际样品有效吸收，还包含多种因素造成的误差。而其中高频随机误差对光谱特征峰识别干扰最为严重，如果仅使用二阶导数小于零定位特征峰，而不进一步采用宽度、高度等参数过滤，则所识别的特征峰中包含相当多的假性峰。

在光谱特征峰识别算法研究领域还存在另一个显著的特征，即特征峰识别算法往往起始于对质谱、色谱的分析，而 NIR 光谱特征峰识别算法则通常基于质谱、色谱特征峰识别算法改进而来。比如，Pan 等人采用宽度和信噪比为阈值，过滤和识别质谱的有效特征峰，该方法后来被引入 NIR 光谱的特征峰识别中；Yang Chao 等人对比了经过多种平滑算法处理后的光谱特征峰识别情况，发现经小波变换法处理后的质谱特征峰识别准确率较高，然而，将该方法向 NIR 光谱特征峰识别移植后效果不佳。

综上可知，针对不同类别的样本，不同类型的信号特征，甚至是不同的参数设置下采集的信号，均应有针对性地优化和改进相应算法。而本章主要介绍 NIR 光谱数据库系统在苹果分类识别中的应用状况，故而需要根据苹果样品、苹果样品 NIR 光谱本身的特性有针对性地开展算法优化。

通过前文内容可知，常见光谱平滑算法存在如下特点。

1）通常对光谱中的所有数据点都进行平滑处理。

2）不区分光谱波段，对所有数据点均按照同一种处理方法进行平滑。

然而，事实上并非任何波段的光谱曲线所含的噪声信息都是一致的，即使在同一条光谱曲线中，也存在部分波段受噪声干扰严重，部分波段受噪声干扰较弱的问题（噪声含量高低或光谱受噪声影响严重程度可由光谱曲线的光滑程度直观体现）。传统的光谱平滑算法不加区分地对所有波段范围内的光谱点采用同等的平滑处理方式虽然可以达到降低光谱噪声的目的，但也极有可能破坏原始光谱中对分析目标贡献较大的波段。为了避免这种问题，本书在现有平滑算法的基础上进行改进。首先，对光谱全波段数据点进行噪声估算，再通过大量的样本测试选择和优化相关阈值，从而针对不同噪声含量的光谱数据点采取不一样的平滑策略，以达到在尽可能多地消除噪声的同时保护对后续分析有实际用途的原始吸光度或光谱反射比数据。

3.2 技术与方法

与传统的光谱平滑算法不同，选择性平滑算法在对光谱进行平滑处理前首先计算光谱数据点所在波段的噪声含量，在平滑过程中依据光谱数据点所在波段噪声含量选择平滑算法或设置平滑算法参数。具体通过以下步骤实现。

1）针对光谱中的数据点，在其对应的特定窗口范围内统计拐点数量，以布局范围内的拐点数量与总样品点数的比值表示局部噪声含量，经过标准化变换后使其位于 [0,1]，为 0 时表示无任何噪声，为 1 时表示噪声含量极高，无任何分析价值。

2）对光谱中的数据点进行平滑。与传统平滑算法所不同的是，选择性平滑根据上一步计算得到的局部噪声含量的高低，对不同的数据点采用不同的平滑策略。比如，对噪声含量极高的波段，采取平滑效果更佳但可能对原始信息破坏最严重的算法进行平滑；而对噪声含量极低的波段，在保证平滑效果的同时，尽量保护原始信息不受平滑算法的破坏。需要指出的是，噪声水平划分需要针对特定的样本进行前期探索和优化。

3.2.1 噪声估算

通常，光谱噪声并非均匀分布，即使在同一条光谱中其含量也随波段不同而有所差异。

比如，某项目研究过程中采用某型号智能傅里叶变换红外光谱仪采集的苹果样品 NIR 光谱不同波段噪声含量差异如图 3-1 所示。从图中显而易见，短波段噪声含量显著高于长波段噪声含量，长波段中有部分区域噪声含量显著高于其他波段。

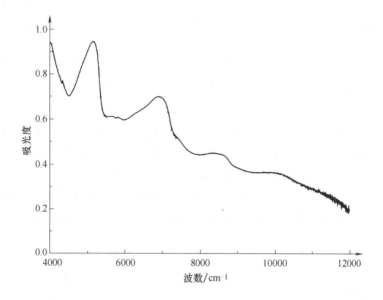

图 3-1　某苹果样品 NIR 光谱不同波段噪声含量差异（8cm^{-1}，4000~12000cm^{-1}）

将相应波段取出放大后区别更加明显。比如，分别选择图 3-1 中较平滑的长波段（6000~7000cm^{-1}）和较粗糙的短波段（11000~12000cm^{-1}）进行噪声含量对比，如图 3-2 所示。

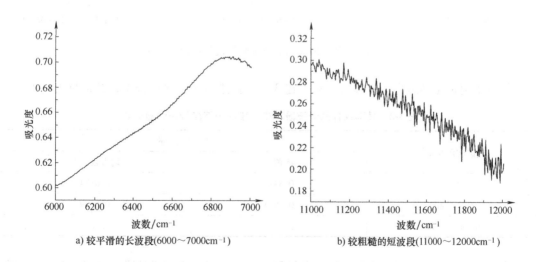

a) 较平滑的长波段(6000~7000cm^{-1})　　　　b) 较粗糙的短波段(11000~12000cm^{-1})

图 3-2　某苹果样品 NIR 光谱不同波段噪声含量对比

对上述波段进行噪声含量分析，结果见表 3-1。

表 3-1　某苹果样品噪声含量分析

光谱波段/cm⁻¹	噪声含量	
	峰-峰值	均方根误差
4000～12000	0.3101	0.0603
11000～12000	0.0400	0.0074
6000～7000	0.0271	0.0044

　　由对比结果可见，尽管在不同波段范围内光谱曲线的抖动频率和粗糙程度差异巨大，但这种差异并没有直观地反映在噪声含量的数值上。分析其原因不难发现，常用噪声含量估算方法（RMS 和峰-峰值）计算噪声时，主要决定因素在于当前波段范围内光谱吸光度或光谱反射比阈值范围，而因高频振动带来的噪声在传统噪声估算方法中起到的作用仅处于次要地位，甚至非常微弱。仍然以某苹果样品的 NIR 光谱为例进行分析，分别选择该光谱两个明显的特征峰波段长波段（4600～5400cm⁻¹）和中波段（6000～7800cm⁻¹）以及随机扰动剧烈的非特征峰波段短波段（10000～12000cm⁻¹）进行对比，结果如图 3-3 所示。

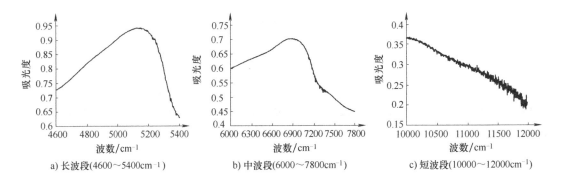

a) 长波段(4600～5400cm⁻¹)　　b) 中波段(6000～7800cm⁻¹)　　c) 短波段(10000～12000cm⁻¹)

图 3-3　特征峰波段与非特征峰波段噪声含量对比

　　仍然使用常见噪声含量估算方法对上述 3 个波段进行噪声含量分析，结果见表 3-2。

表 3-2　某苹果样品长波段、中波段和短波段噪声含量分析

光谱波段/cm⁻¹	噪声含量	
	峰-峰值	均方根误差
4600～5400	0.3415	0.0854
6000～7800	0.1983	0.0599
10000～12000	0.0460	0.0065

　　由表 3-2 可见，特征峰波段的噪声含量显著高于非特征峰波段的噪声含量，较为平滑的波段的噪声含量显著高于随机扰动非常多的波段，这与人们对随机噪声的认知相违背，且不利于在本书中自动定位光谱特征峰及其参数的计算。对此，笔者提出一种基于波动频率度量随机噪声的算法。

3.2.2 光谱局部波动频率

针对传统噪声估算方法 RMS 和 PP 值容易受到光谱吸光度或光谱反射比范围影响，而无法很好地体现高频随机扰动带来的噪声问题，提出了一种在特定窗口范围内采用光谱波动频率度量光谱噪声的方法。

随机噪声的显著特征是频率高，在实际的光谱曲线上表现为在局部波段范围内光谱曲线上下波动频繁交替。光谱局部波动频率统计法正是利用这一特征估算每个光谱数据点的噪声的。具体噪声含量为

$$CF(i) = \frac{t}{2k+1} \tag{3-1}$$

$$t = \sum_{j=i-k}^{i+k} 1 \quad if[y'(j-1)y'(j) < 0] \tag{3-2}$$

式中，$2k+1$ 为窗口宽度；t 为在特定窗口范围内拐点个数；$CF(i)$ 为光谱中第 i 个数据点的噪声含量，取值范围为 $[0,1]$，为 0 时表示光谱在当前波段范围内无拐点，光谱平滑度最好，为 1 时表示光谱在当前波段范围内的所有数据点均为拐点，光谱平滑度最差；$y'(j)$ 为光谱一阶导数。

3.2.3 数据点权值

如前文所述，对特征性强、光谱平滑度高的波段进行大力度平滑时会给有价值的信息造成损失，不利于分析。因此，若能够区分高噪声含量和低噪声含量的数据点，根据数据点的噪声含量区别对待，采用合适的平滑算法，则可以尽可能地保护有用的信息。

基于以上思路，本书提出为光谱数据点赋予权值，根据权值大小选用适当的方法或参数进行平滑。为了便于理解和计算，基于上一节中的数据点噪声的计算方法构造数据点权值的概念，即

$$weight(i) = 1 - CF(i) \tag{3-3}$$

式中，$weight(i)$ 为光谱中第 i 个数据点的权值。

由上一节可知 $CF(i)$ 的取值范围为 $[0,1]$，因此 $weight(i)$ 的取值也位于 $[0,1]$。所不同的是，$CF(i)$ 越小噪声含量越低，反之 $CF(i)$ 越大噪声含量越高。而由式（3-3）可知，$CF(i)$ 与 $weight(i)$ 互补，即 $weight(i)$ 越小，光谱数据点噪声含量越高，分析价值越低，可采用效果更强的平滑算法及参数设置；反之，$weight(i)$ 越大，光谱数据点噪声含量越低，分析价值越高。应注意平滑效果与信息损失之间的平衡，通常通过降低平滑效果以降低高价值信息的损失。

3.2.4 一种自适应平滑算法

根据前面两节选择平滑算法和设置平滑参数的思路，首先需要给定一组阈值 T，当光谱中数据点的 $weight(i)$ 介于不同的区间时，有针对性地选择平滑算法和设置平滑参数。为了方便说明问题，下面以仅设置一个阈值的情况为例，对自适应平滑算法的流程进行详细

介绍。

假设给定数据点权值阈值为 T，当某数据点的 $weight(i)$ 小于 T 时，说明当前波段范围光谱噪声含量高，有价值的信息含量低，因此可对该波段采用平滑效果显著的箱车平滑法进行平滑，相应的平滑参数（如箱车宽度）可以设置较大宽度；反之，当某数据点的 $weight(i)$ 大于 T 时，说明当前波段范围内噪声含量低，有价值的信息含量高，为了避免因平滑导致大量信息（有分析价值的信息）丢失，应采用较为温和的平滑算法，同时平滑参数（如窗口宽度）宜选择较小的宽度。具体的算法流程如图 3-4 所示。

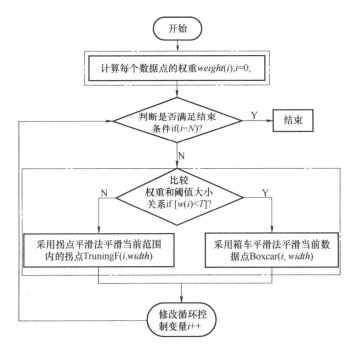

图 3-4 一种自适应光谱平滑算法流程

关于阈值 T 的设置，则需要针对特定的样本和特定的光谱数据进行优化。

3.2.5 光谱特征峰定位及参数计算算法改进

对某个特征峰的定位及其参数计算过程可大致分为以下几个步骤。

1）在全波段范围内寻找所有的局部最大值的拐点，将局部最大值的拐点看作一个候选特征峰位。

2）针对每一个候选特征峰位，以峰位为中心分别向左右两侧寻找最近的局部最小值，即寻找与候选峰位相对应的左右边界。

3）根据给定的阈值（如宽度阈值）对所有候选峰位进行过滤，以去除因噪声引起的小范围波段产生的假性峰。

4）对筛选出的每一个特征峰，计算对应的特征参数，比如，左半宽、右半宽、高度、面积和峰形指数等参数。

依据局部最大值产生的候选特征峰位如图 3-5 所示。

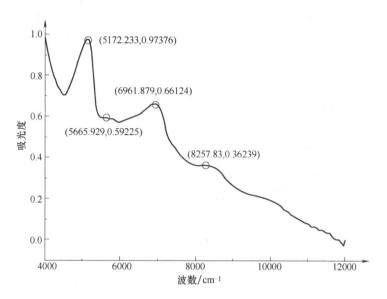

图 3-5　依据局部最大值产生的候选特征峰位

经分析可知，依据局部最大值和拐点法寻找候选特征峰位时，可用式（3-4）判断。

$$\begin{cases} p(i)_y > p(i-1)_y \\ p(i)_y > p(i+1)_y \end{cases} \tag{3-4}$$

式中，$p(i)_y$ 为光谱中第 i 个数据点的吸光度或光谱反射比值。

为便于计算和理解，可将式（3-4）进一步转化为以一阶导数形式表述，即若光谱中第 i 个数据点为候选特征峰位，则必须有在第 i 个数据点前光谱吸光度或光谱反射比值呈单调递增趋势，而在第 i 个数据点后光谱吸光度或光谱反射比值呈单调递减趋势，也就是说在第 i 个光谱数据点的前后光谱一阶导数异号，即

$$\begin{cases} p'(i-1)_y > 0 \\ p'(i)_y < 0 \end{cases} \tag{3-5}$$

式中，$p'(i-1)_y$ 为第 i 个光谱数据点之前的光谱曲线单调增、减趋势；$p'(i)_y$ 为第 i 个光谱数据点之后的光谱曲线单调增、减趋势。

在理想情况下，通过以上步骤即可对所有特征峰进行定位。然而，在实际应用中由于受到多种因素的干扰，特征峰的定位过程通常要复杂得多。比如，图 3-1 所示为某苹果样品 NIR 光谱，该光谱的分辨率为 $8cm^{-1}$，由图中可见在全光谱波段范围内存在众多的数据点满足式（3-5）的要求。然而，并不能直接将这些点确定为真正的特征峰位，主要原因在于这些"候选峰位"绝大部分是由随机噪声引起的高频扰动，并不能代表真正的光谱特征或与样品的特性相对应。因此，通常在产生候选特征峰位之后，还需采用一定的技术手段去除不能代表样品光谱特性的候选峰位。

过滤参数设置

经观察发现，在 NIR 光谱分析中真正有效的特征峰具有覆盖波段范围广、高度较大的特征。反观因高频随机噪声引起的局部波动，不但覆盖范围较窄，且高度较低，本书将这些窄小或矮小的随机扰动称为伪峰（PP）或假性峰。在实际的特征峰识别过程中，在初选候

选特征峰位之后还常常根据有效特征峰与伪峰之间的差异进行筛选。综上所述，宽度和高度是最为常用的特征峰筛选指标，此外还有面积、半峰宽和峰形指数（通常为面积与宽度的比值）等指标。

在 NIR 光谱波段，谱带重叠严重，导致真正有效的特征峰通常较为宽大，因此宽度和面积是 NIR 光谱特征峰识别中最常用且必不可少的过滤指标之一。在本章后续试验部分亦将宽度阈值作为 PP 过滤的主要指标，考虑到部分平坦且低矮的非特征波段区域的干扰，同时将峰形指数作为过滤指标之一。

假设峰宽阈值为 T_{pw}，峰形阈值为 T_{ps}，若第 i 个候选峰位对应的"峰宽"小于阈值 T_{pw}，则将当前光谱点从候选峰位中剔除；反之，峰宽大于阈值 T_{pw}，则需要进行下一参数的过滤与验证，即

$$W_i < T_{pw} \tag{3-6}$$

式中，W_i 为第 i 个候选峰位对应的"峰宽"。

经过宽度阈值过滤后，继续通过峰形阈值 T_{ps} 对剩下的候选峰位进行过滤和筛选，即

$$S_i < T_{ps} \tag{3-7}$$

式中，S_i 为第 i 个候选峰位对应的"峰形指数"。

若 S_i 小于阈值 T_{ps}，则将当前光谱点从候选峰位中剔除；反之，说明该候选峰位对应的特征峰宽度和峰形指数均满足最低要求，符合有效特征峰的要求。

通过以上两项筛选后仍然保留在候选峰位列表中的光谱数据点确定为真正有效的光谱特征峰位，并进一步计算其他参数指标。

3.3 试验

3.3.1 试验样品

考虑到样本的代表性和普遍性，所选试验样本均为产量高、销售范围广、销售周期长的常见市售苹果，可满足相同品种不同产地、相同产地不同品质、不同产地不同品种的对比需求，S1~S4 类样本信息见表 3-3。

表 3-3 S1~S4 类样本基本信息

类别	产地	品种	数量/个	横径/mm	纵径/mm
S1	新疆	红富士	100	75~85	65~75
S2	山东	红将军	100	75~85	65~75
S3	陕西	红富士	100	75~85	65~75
S4	陕西	黄金帅	100	75~85	65~75

所有试验样本均为同一批次购买，为尽可能减少与试验目的不相关因素的干扰，对试验样本进行适当筛选，确保所有样本状态正常、无损伤、大小均匀、果形匀称、同品种样本间色差小。对于部分样本表面的污垢，采用湿布擦拭干净。采集 NIR 光谱和进行可溶性固形

物测量之前，所有样本均保存在环境温度为 20℃±1℃、湿度为 60%±2%RH 的环境下（与试验环境温度保持一致）。

3.3.2　光谱仪与参数设置

试验选用美国热电尼高力公司生产的 Nexus 型光谱仪采集 NIR 光谱。Nexus 型光谱仪外观如图 3-6 所示。

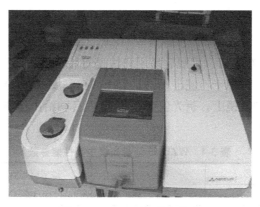

图 3-6　Nexus 型光谱仪外观

Nexus 型光谱仪配有 InGaAs 检测器，可检测 3800~12500cm^{-1} 全波段的 NIR 光谱，与仪器配套的智能漫反射附件能够方便地采集固体样品 NIR 光谱。通过参照既有的研究报道和预试验，对试验过程中的一些操作及仪器参数设置如下。

1）在背景选择方面选用由聚四氟乙烯制成的白板作为背景。

2）在仪器参数设置方面，选择采集 4000~12000cm^{-1} 全波段 NIR 光谱，光谱分辨率设置为 2cm^{-1}，单个样品光谱扫描次数设置为 32 次，由检测探头到样品的距离为 0mm，背景更新间隔设置为 100min。

3）在试验环境控制方面，样品存储、光谱采集以及理化试验的环境温度设置为 20℃±1℃，湿度范围为 60%±2%RH。

4）为了尽可能地减少干扰，试验过程中在样品与智能漫反射附件的光斑之间设置中空黑色硅胶垫圈，确保样品表面与垫圈的密合效果，尽量隔绝外界杂散光的影响，试验人员着黑色或深色棉质服装，避免静电和反射光给样品光谱检测带来不利影响。

在正式开始光谱采集前，首先将厚约 1cm 的黑色软质硅胶垫圈固定在智能漫反射平台上，保持垫圈的中空圆孔与智能漫反射检测平台的光斑重合，垫圈既可以防止外界杂散光造成的干扰，又能阻止样品在样品台上滚动，光谱采集时将样品的果梗呈水平状放置在垫圈上。为使光谱更加具有代表性，在沿样品赤道部位均匀分布和选取 3 个光谱采集位置，将每个样品 3 个光谱采集位置上所采集光谱的平均值作为样品光谱。

3.3.3　SSC 检测仪

试验选用上海仪电物理光学仪器有限公司的 WZB-45 型折光仪检测苹果 SSC（可溶性固形物含量），如图 3-7 所示。

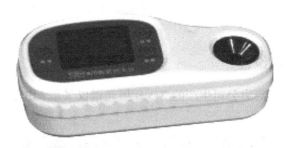

图 3-7　WZB-45 型折光仪

WZB-45 型折光仪具有小巧、美观、易用和快速等特点，适用于果汁、食品与饮料等液体样品相关成分的测量，可用于检测样品的折射率、白利度（Brix）和糖度等。检测时只需将样品汁液滴到折光仪的棱镜上，折光仪会在 3s 之内自动给出检测数值。WZB-45 型折光仪的主要性能参数见表 3-4。

表 3-4　WZB-45 型折光仪主要性能参数

序　号	显　示	范　围	最小读值	精　度
1	白利度（Brix）	0%~45%	0.1%	±0.2%
2	折射率	1.3330~1.3900	0.0001	±0.0003

3.3.4　支撑试验的软硬件平台

本书所述算法的测试环境，包括主要硬件环境、系统软件和部分软件开发过程中起到重要支撑作用的软件。试验软硬件平台信息见表 3-5。

表 3-5　试验软硬件平台信息

序号	硬件名称	品牌或型号	主要性能参数
1	CPU	Intel i7-8700K	3.70GHz
2	内存	Kingston KHX3000C15/16GX	16×2GB，3000MHz
3	固态磁盘	Intel SSDPEKKW	512GB
4	显卡	华硕 NVIDIA GeForce GTX 1070	8GB
5	操作系统	Windows 7	64 位专业版
6	数据库系统	Microsoft SQL Server 2015	64 位
7	开发环境	Microsoft Visual Studio 2013	
8	图像处理软件库	Open Source Computer Vision Library	

3.4　结果与讨论

3.4.1　SSC 测量结果

NIR 光谱分析技术在水果品质检测中的一项重要用途是快速判定口感。其基本原理是通过检测水果的 SSC 间接实现对口感的判断。在本应用实例中同样涉及苹果样品 SSC 的检测，对表 3-3 中四类样品 SSC 的检测结果见表 3-6。

表 3-6　S1~S4 四类样品 SSC 的检测结果

类　　别	SSC 均值	SSC 最大值	SSC 最小值	标　准　差
S1	11.9	15.4	9.5	1.31
S2	13.0	15.9	10.1	1.26
S3	12.9	15.9	10.1	1.21
S4	12.3	14.7	9.7	1.03

由 S1~S4 四类样品 SSC 的检测结果可见，S1~S4 四类样品的 SSC 分布区间重合度较大，且各类别内部样品分布较均匀，无法根据 SSC 含量区分四类样品。

3.4.2　基于 DA 的分类结果

基于 NIR 光谱，采用 DA 对 S1~S4 四类样品进行分析，结果见表 3-7。

表 3-7　基于 S1~S4 四类样品 NIR 光谱的 DA 分析结果

样 品 组 合	光谱类别		
	原 始 光 谱	一阶导数光谱	二阶导数光谱
	正确率（%）	正确率（%）	正确率（%）
S1、S2	100.00	96.50	96.00
S1、S3	93.50	96.00	96.00
S1、S4	98.50	97.50	97.50
S2、S3	93.00	92.00	92.00
S2、S4	95.00	96.00	96.50
S3、S4	97.50	88.50	91.50
S1、S2、S3	87.70	92.00	92.00
S1、S2、S4	98.70	95.70	95.30
S1、S3、S4	91.70	96.00	96.70
S2、S3、S4	64.70	64.70	61.70
S1、S2、S3、S4	85.00	90.70	88.70

由表 3-7 可见，当将不同类别的样品两两混合时，DA 能够较好地将它们区分开来，基于原始光谱分类正确率为 96.25%，基于一阶导数分类正确率为 94.42%，基于二阶导数分类正确率为 95.19%，总体平均正确率为 95.29%；当类别进一步合并时，DA 分类正确率下降，但正确率仍保持在 85% 以上。在 DA 分析中各个样品到其他类别的距离如图 3-8~图 3-11 所示。

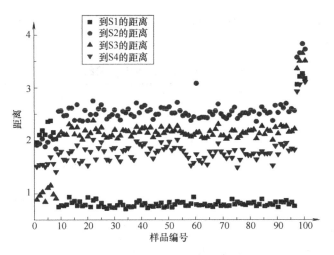

图 3-8　类别 S1 中的样品到四个类别的距离

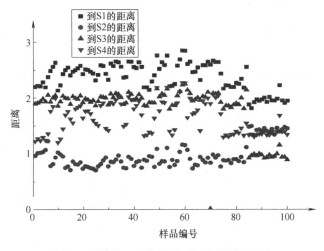

图 3-9　类别 S2 中的样品到四个类别的距离

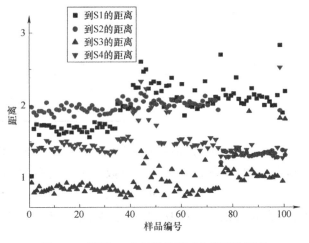

图 3-10　类别 S3 中的样品到四个类别的距离

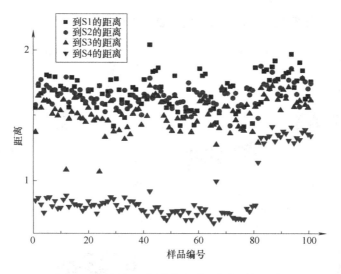

图 3-11　类别 S4 中的样品到四个类别的距离

3.4.3　构造各类别的中心光谱

　　NIR 光谱数据库的优势与特点在于保存大量的参照样本光谱，且参照样本覆盖范围较广，可能涵盖不同种类、不同品种、不同产地。光谱数据库中参照光谱数据量较大，将未知样品光谱与每一条参照光谱都进行比较的方法不切实际。因此，为了提高数据库的响应速度，通常需要在参照样品入库时对其进行归类并更新对应的类别中心光谱，或新建类别并建立对应的类别中心光谱。在后续使用光谱数据库系统分析新样品时，首先将待测样品光谱与各个类别中心匹配，根据匹配结果将样品归类；然后在类别内部根据匹配结果将待测样本与匹配度最高的参照样品相关联。由此可见，光谱数据系统通常采用 2 级或多级（2 级以上）的光谱查询与匹配策略。

　　在本试验中，参照样品的类别中心用类别内部全体样本的平均光谱表示。S1~S4 四个类别样品的类别中心光谱，如图 3-12 所示。

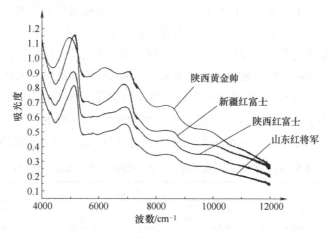

图 3-12　S1~S4 四个类别样品的类别中心光谱

S1~S4 四个类别内部全体样本的原始光谱如图 3-13 所示。

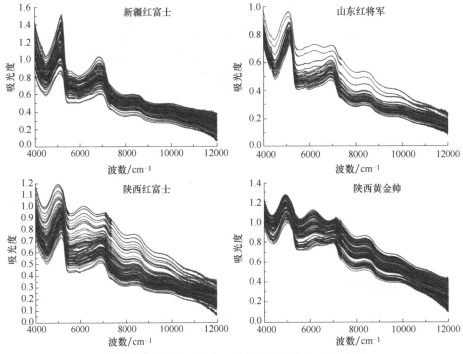

图 3-13　S1~S4 四个类别内部全体样本的原始光谱

由图 3-12 和图 3-13 可知，不同类别样品的吸光度分布区域相互交错，同一类别内部不同样本的 NIR 光谱也交织在一起，经初步分析也发现无法直接将光谱的绝对强度与样品的 SSC 相关联，必须借助相应的模式识别算法进行分析。

3.4.4　算法参数的确定与优选

在提取光谱特征之前，通常需要对光谱进行预处理。在开展光谱平滑之前，需要对光谱中的数据点进行权值计算。值得指出的是，在权值计算过程中与光谱平滑过程类似，涉及确定窗口宽度的问题。在本书中，采用权值计算窗口与平滑窗口宽度对应的原则；针对权值计算与平滑窗口宽度优化问题，本书采用在 5~31 个数据点的宽度范围内进行对比和优选的方案（通常，光谱平滑窗口宽度设置在 5~23）；在针对不同权值的数据点采用不同平滑策略问题方面，本书采用设置一个阈值将数据点划分为两个类别，分别采用不同的平滑策略，在 0.1~1.0 的权值范围内优选了阈值。以 S3 类别的样品为例，当窗口宽度为 5~31、权值范围为 0.5~1.0 时〔阈值为 0.1~0.4 时的 RMS 值（噪声含量）与阈值为 0.5 时的 RMS 值十分接近，故而这里省略了阈值为 0.1~0.4 时的数据〕，平滑后光谱的 RMS 值分布情况（总体样品的平均值）见表 3-8。

表 3-8　窗口宽度和权值阈值对光谱平滑的影响（RMS 值分布）

窗口宽度	权值阈值					
	0.5	0.6	0.7	0.8	0.9	1.0
5	0.0658	0.0658	0.0658	0.0658	0.0658	0.0658
7	0.0657	0.0658	0.0658	0.0658	0.0657	0.0658

（续）

窗口宽度	权值阈值					
	0.5	0.6	0.7	0.8	0.9	1.0
9	0.0658	0.0659	0.0657	0.0659	0.0657	0.0659
11	0.0658	0.0658	0.0659	0.0658	0.0658	0.0657
13	0.0659	0.0657	0.0659	0.0658	0.0657	0.0658
15	0.0658	0.0658	0.0657	0.0659	0.0658	0.0658
17	0.0658	0.0657	0.0659	0.0658	0.0659	0.0657
19	0.0658	0.0658	0.0657	0.0659	0.0657	0.0659
21	0.0657	0.0657	0.0656	0.0658	0.0656	0.0658
23	0.0658	0.0658	0.0658	0.0658	0.0658	0.0658
25	0.0658	0.0658	0.0657	0.0658	0.0658	0.0658
27	0.0657	0.0658	0.0657	0.0659	0.0657	0.0659
29	0.0658	0.0658	0.0658	0.0657	0.0658	0.0657
31	0.0658	0.0657	0.0658	0.0658	0.0658	0.0657

由表 3-8 可见，当平滑窗口和权值计算窗口宽度为 21 时（每个平滑窗口或权值计算窗口中包含 21 个数据点），经过平滑处理后的光谱噪声含量最低，平滑效果最佳。窗口宽度对光谱噪声含量（RMS 值）的影响如图 3-14 所示。

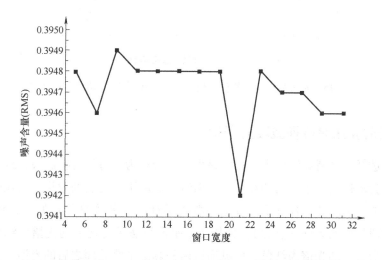

图 3-14　窗口宽度对光谱噪声含量（RMS 值）的影响

由图 3-14 可知，平滑窗口的宽度对 RMS 值的影响不大，但仍然具有一定的规律，即基本上随着窗口宽度的增加 RMS 值呈现下降的趋势。原因在于光谱 RMS 值主要取决于光谱吸光度或光谱反射比的分布范围，而非由光谱的平滑程度决定，当窗口宽度增大时，光谱反射比或吸光度数值范围缩小的可能性将增大，因而光谱 RMS 值将逐渐降低。但窗口宽度越大，信息损失也越严重。综合多种因素，将平滑算法的窗口大小设置为 21，光谱数据点权值计算窗口宽度与平滑算法宽度保持一致。

当针对不同的权值阈值采用不同的平滑算法及参数时，平滑效果在表 3-8 中已可初见端倪。光谱数据点的权值阈值与平滑后光谱 RMS 值之间的关联如图 3-15 所示。可见光谱经平滑后其噪声含量 RMS 值受光谱数据点权值的影响较为细微，随着权值阈值的增加，RMS 值呈现微小幅度的上涨，主要原因在于当阈值较大时，对较为平滑的波段的平滑力度较小，仅对噪声含量高的波段平滑力度大。由图 3-12 和图 3-13 可知，原始光谱较为平滑的波段占比较高，且这些波段的吸光度和光谱反射比绝对值较大。因此，当阈值较大时，平滑算法对吸光度或光谱反射比范围影响较小，故而平滑后噪声含量较高。可以看出，当权值阈值为 0.9 时，平滑光谱具有最低的噪声含量；当阈值为 0.7 时，噪声含量略高于阈值为 0.9 时的噪声含量。但是考虑到阈值越大，平滑的光谱数据点越多，对平滑区域的保护作用越小，后续研究中均采用 0.7 的权值阈值。

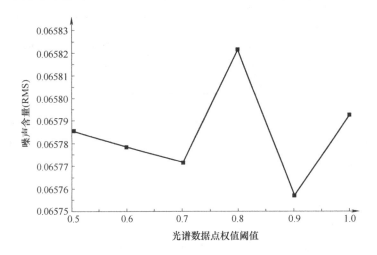

图 3-15　光谱数据点的权值阈值与平滑后光谱 RMS 值之间的关联

3.4.5　改进后算法对特征波段的保护

本书提出选择性平滑算法的主要目的是保护本身较为平滑的特征波段，减少有效信息损失，本小节将就改进前和改进后的算法对光谱特征波段平滑之后的效果进行比较。

选择性平滑算法与非选择性平滑算法平滑效果对比（平滑波段）如图 3-16 所示，较为平滑的特征波段为原始光谱（蓝色），使用传统平滑算法平滑之后的光谱为绿色，使用选择性平滑算法平滑之后的光谱为红色。可见通过两种算法平滑处理之后的光谱，其平滑度均好于原始光谱，都有利于定位特征峰位以及特征峰的左右边界。所不同的是，在长波段一端使用非选择性平滑算法平滑之后的光谱与原始光谱差异较大，特征峰相对于原始光谱也发生了较大形变，导致信息丢失较多。

选择性平滑算法与非选择性平滑算法效果对比（粗糙波段）如图 3-17。可见，无论是经过非选择性平滑算法还是经过选择性平滑算法处理后的光谱平滑度都显著好于原始光谱的平滑度，平滑效果显著。在极少数波段，选择性平滑算法的平滑效果弱于非选择性平滑算法，但在非特征波段并不会对特征峰的定位及参数计算造成负面影响。

通过上述比较可见，选择性平滑算法不仅能够在较为平滑的特征波段范围内保护光谱数

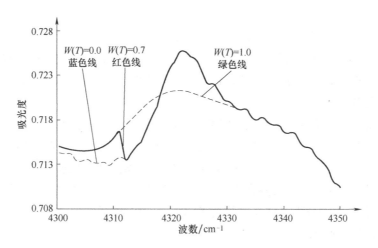

图 3-16　选择性平滑算法与非选择性平滑算法平滑效果对比（平滑波段）

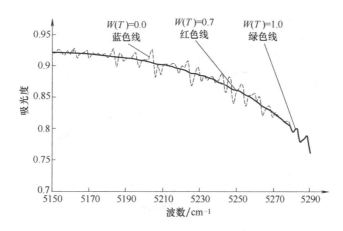

图 3-17　选择性平滑算法与非选择性平滑算法效果对比（粗糙波段）

据点，降低因光谱平滑带来的有效信息损失，在高频扰动波段的平滑效果相较于非选择性平滑算法也较为接近；而非选择性平滑算法则导致原本较为平滑的光谱波段产生较大变化，由于较为平滑的特征波段分析价值较高，对此类波段的改变极有可能导致有实际分析意义的信息丢失，从而给后续分析带来不利影响甚至错误。综上所述，本书提出的一种选择性平滑算法相较于非选择性平滑算法具有较大优势，主要体现在两方面。其一，在较为粗糙的光谱波段能够像非选择性平滑算法一样较好地平滑光谱曲线；其二，在平顺性较好的特征波段能够实现一定平滑功能的同时保护分析价值高的数据点，降低信息丢失概率。

3.4.6　假性峰过滤参数优化

根据苹果样品的特点可知 SSC 是研究其内部品质及特征的重要着手点。而 SSC 通常主要指的是可溶于水的糖类物质的含量，它们在 NIR 光谱波段范围内的特征吸收被水中的极性化学键 O—H 在 1450nm（6900cm^{-1}）处的一倍频吸收和 1940nm（5150cm^{-1}）处的组合频吸收所覆盖。尽管如此，很多基于 NIR 光谱分析技术的苹果品质检测研究仍以该波段的特征峰为主要分析途径。

在本书中，亦将1450nm和1940nm处的特征吸收作为主要研究对象。已有的研究报道和预试验结果均表明，当光谱分辨率为8cm^{-1}时苹果NIR光谱定量或定性建模效果最佳。因此，本书也在此分辨率下进行苹果NIR光谱特征峰识别。

1. 峰宽阈值的优选

如前文所述，NIR光谱特征峰的显著特征是覆盖波段范围光谱，苹果NIR光谱亦不例外。因此，在本书中首先采用峰宽阈值T_{pw}过滤窄小的伪峰（PP）（此时暂对其他特征峰参数不做限制）。为方便操作，本书中的宽度均指光谱数据点数。试验在3~41的峰宽范围内比较了特征峰识别情况，主要观察在5150cm^{-1}处和6900cm^{-1}处的两个特征峰的识别情况。

下面以类别S1中的001号样品（记为S1-001）为例进行详细展示和说明，S1-001号样品的原始光谱如图3-18所示。

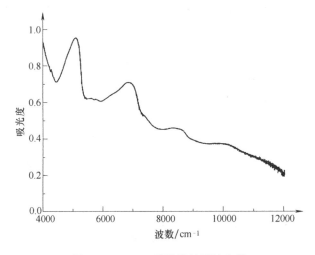

图3-18　S1-001号样品的原始光谱

针对该光谱，将T_{pw}设置为3~41，对比T_{pw}不同时对两个主要目标特征峰的识别情况。由于数据较多，此处仅选取T_{pw}为3时的识别情况进行详细展示，后续仅展示不同取值时的特征峰识别整体情况。当T_{pw}为3时，S1-001号样品的特征峰识别结果见表3-9。

表3-9　S1-001号样品的特征峰识别结果（$T_{pw}=3$，光谱分辨率为8cm^{-1}）

序　　号	峰位/cm^{-1}	左半宽/cm^{-1}	右半宽/cm^{-1}	峰　面　积
1	4319.84	23.14	165.85	0.02
2	5133.66	636.41	362.56	144.95
3	5511.65	11.57	27.00	0.01
4	5642.79	77.14	104.14	0.30
5	5785.50	34.71	169.71	0.32
6	6892.45	921.82	1079.96	135.89
7	7991.70	15.43	7.71	0.00
8	8369.68	366.42	821.54	19.64

（续）

序　号	峰位/cm^{-1}	左半宽/cm^{-1}	右半宽/cm^{-1}	峰　面　积
9	9522.93	19.29	46.28	0.01
10	9580.78	7.71	7.71	0.00
11	9654.06	61.71	30.86	0.02
12	9727.35	38.57	54.00	0.01
13	9804.49	19.29	38.57	0.00
14	9893.20	46.28	111.85	0.09
15	10024.33	15.42	88.72	0.06
16	10919.16	3.86	185.13	0.37
17	11127.44	19.29	42.42	0.031
18	11177.58	3.86	65.57	0.06
19	11254.72	7.72	57.85	0.04
20	11324.14	7.71	61.72	0.07
21	11397.43	7.72	53.99	0.03
22	11470.71	15.43	57.85	0.09
23	11536.28	3.86	57.85	0.06
24	11605.70	7.71	65.57	0.03
25	11698.27	23.14	84.86	0.06
26	11798.55	11.57	158.14	0.21
27	11983.69	37.71	7.71	0.12

由表 3-9 可见，针对 S1-001 号样品当 T_{pw} 为 3 时，总共识别出 27 个"特征峰"，与预定的目标差距明显。主要原因在于部分"特征峰"的宽度十分窄小，比如，5511.65cm^{-1} 处的"特征峰"宽度仅为 38.57cm^{-1}（11.57cm^{-1} + 27cm^{-1}），与 5133.66cm^{-1} 波段（宽度为 636.41cm^{-1}+362.56cm^{-1}）和 6892.45cm^{-1} 波段（宽度为 921.82cm^{-1}+1079.96cm^{-1}）的真正特征峰差距巨大。由此可见，由于 T_{pw} 较小，对窄小的 PP 过滤作用不强，导致较多的 PP 未被过滤掉。

基于以上分析，若希望过滤掉更多窄小的"特征峰"，则需要进一步增大 T_{pw}，以增强过滤效果。本试验中 T_{pw} 从 3 开始，按步长为 2 的幅度依次增加，分别观察和统计峰宽阈值对特征峰识别的影响，结果见表 3-10。

表 3-10　T_{pw} 对特征峰识别的影响

T_{pw}	主峰 1（面积，左、右半宽）	主峰 2（面积，左、右半宽）	峰个数
3	5133（144.95, 636.41、362.56）	6892（135.89, 921.82、1079.96）	27
5	5133（144.95, 636.41、362.56）	6892（135.89, 921.82、1079.96）	26
7	5133（144.95, 636.41、362.56）	6892（135.89, 921.82、1079.96）	25
9	5133（144.95, 636.41、362.56）	6892（135.89, 921.82、1079.96）	25

（续）

T_{pw}	主峰1（面积，左、右半宽）	主峰2（面积，左、右半宽）	峰个数
11	5133（144.95，636.41、362.56）	6892（135.89，921.82、1079.96）	24
13	5133（144.95，636.41、362.56）	6892（135.89，921.82、1079.96）	24
15	5133（144.95，636.41、362.56）	6892（135.89，921.82、1079.96）	23
17	5133（144.95，636.41、362.56）	6892（135.89，921.82、1079.96）	18
19	5133（144.95，636.41、362.56）	6892（135.89，921.82、1079.96）	14
21	5133（144.95，636.41、362.56）	6892（135.89，921.82、1079.96）	14
23	5133（144.95，636.41、362.56）	6892（135.89，921.82、1079.96）	14
25	5133（144.95，636.41、362.56）	6892（135.89，921.82、1079.96）	12
27	5133（144.95，636.41、362.56）	6892（135.89，921.82、1079.96）	11
29	5133（144.95，636.41、362.56）	6892（135.89，921.82、1079.96）	8
31	5133（144.95，636.41、362.56）	6892（135.89，921.82、1079.96）	8
33	5133（144.95，636.41、362.56）	6892（135.89，921.82、1079.96）	8
35	5133（144.95，636.41、362.56）	6892（135.89，921.82、1079.96）	8
37	5133（144.95，636.41、362.56）	6892（135.89，921.82、1079.96）	8
39	5133（144.95，636.41、362.56）	6892（135.89，921.82、1079.96）	8
41	5133（144.95，636.41、362.56）	6892（135.89，921.82、1079.96）	7

由表3-10可见，一方面，随着T_{pw}的增大，针对S1-001号样品识别的"特征峰"数量逐渐减少，但对两个主要目标特征峰的识别始终保持较为稳定的状态，过滤掉的"特征峰"均为窄小的假性峰；另一方面，当T_{pw}达到29后，窄小的特征峰基本被过滤掉，继续增大取值对PP的过滤效果不再显著，若继续提高将有可能过滤掉目标峰位。据此，本试验中初步判定将特征峰T_{pw}设置为29，待后续进一步验证。根据表3-10，T_{pw}为29时特征峰识别结果见表3-11。

表3-11　$T_{pw}=29$时特征峰识别结果

序号	峰位/cm^{-1}	左半宽/cm^{-1}	右半宽/cm^{-1}
1	4319.84	23.14	165.85
2	5133.66	636.41	362.56
3	5642.79	77.14	104.14
4	5785.50	34.71	169.71
5	6892.55	921.82	1079.96
6	8369.68	366.42	821.54
7	10919.16	3.86	185.13
8	11798.55	11.57	158.14

由表3-11可见，T_{pw}为29时所识别出的特征峰宽度均在$150cm^{-1}$之上，较为宽大，若单纯继续增大T_{pw}，将在一些情况下影响对目标特征峰的识别。如前文所述，在特征峰识别过程中通常采用多种阈值对PP进行过滤，在本试验中除T_{pw}之外，还采用了峰形阈值对PP进

行过滤。

2. 峰形阈值的优选

使用 T_{pw} 能够较好地过滤较窄的 PP，而对覆盖范围较广，但十分低矮的 PP 难以起到过滤效果。在本书中，除了 T_{pw} 外，还采用了峰形阈值 T_{ps} 对 PP 进行过滤。仍以 S1-001 号样品为例进行分析。

按照定义计算每个特征峰的峰形指数，具体数据见表 3-12。

表 3-12　$T_{pw}=29$ 时 S1-001 号样品特征峰的峰形指数

序　号	峰位/cm^{-1}	峰宽/cm^{-1}	峰面积/cm^{-1}	峰形指数（面积宽度比）
1	4319.84	188.99	0.02	0.0001
2	5133.66	998.96	144.95	0.1451
3	5642.79	181.28	0.30	0.0016
4	5785.50	204.42	0.32	0.0016
5	6892.55	2001.78	135.89	0.0679
6	8369.68	1187.96	19.64	0.0165
7	10919.16	188.99	0.37	0.0020
8	11798.55	169.71	0.21	0.0012

由表 3-12 可见，目标特征峰不仅覆盖的波段范围广，其所对应的面积同样显著区别于其他区域。根据此特征，可初步预判在经过 T_{pw} 过滤后继续采用 T_{ps} 过滤矮小峰可以取得较好效果。根据表 3-12，初步将 T_{ps} 设置为 0.005，此时针对 S1-001 号样品的特征峰识别结果见表 3-13。

表 3-13　$T_{pw}=29$、$T_{ps}=0.005$ 时 S1-001 号样品的特征峰识别结果

序　号	峰位/cm^{-1}	峰宽/cm^{-1}	峰面积/cm^{-1}	峰形指数（面积宽度比）
1	5133.66	998.96	144.95	0.1451
2	6892.56	2001.78	135.89	0.0679
3	8369.68	1187.96	19.64	0.0165

3. 批量验证

在 8cm^{-1} 的光谱分辨率下，对特定样品的特征峰识别准确率较高的特征峰识别参数组合见表 3-14。

表 3-14　特征峰识别参数组合

序　号	参 数 名 称	取值或范围	备　　注
1	平滑窗口宽度	21 个数据点	与权值计算窗口宽度一致
2	权值计算窗口宽度	21 个数据点	与平滑窗口宽度一致
3	选择性平滑算法数据点权重阈值	0.7	
4	T_{pw}	29	
5	T_{ps}	0.005	

表 3-14 中的参数组合目前仅是对特定样本 S1-001 的分析结果的展示，尚未阐述 S1~S4 类中的其他样本的特征峰识别情况。然而，对 S1-001 样本的参数优化过程实际上是在对 S1~S4 类样本整体优化的过程中进行的，以上仅选用 S1-001 样本举例说明是为了更清楚地描述问题和更清晰地展示分析结果。

从以上分析可见，针对特定样品采用表 3-14 中的参数组合时，能够较好地定位、识别和计算真正特征峰及其参数。基于以上参数对全体样本的特征峰定位、识别和参数计算情况进行统计，结果见表 3-15。

表 3-15　S1~S4 类样品目标特征峰的识别整体情况

样品类别	数量（个）	目标峰位的正确识别率（%）		
		$5150cm^{-1}$	$6900cm^{-1}$	$5150cm^{-1}$ 或 $6900cm^{-1}$
新疆红富士	100	99.00	78.00	100
山东红将军	100	94.00	84.00	100
陕西红富士	100	95.00	89.00	100
陕西黄金帅	100	99.00	92.00	100
均值	100	96.75	85.75	100

从分析结果可见，基于表 3-14 的参数组合能够十分准确地识别 $5150cm^{-1}$ 的目标特征峰，但针对 $6900cm^{-1}$ 的目标特征峰的识别率要低。针对未正常识别的特征峰波段分析发现，一部分光谱数据在相应波段具有较多的波动，在进行宽度过滤时被移除候选峰位；另一部分相应波段的特征峰过于低矮，导致其峰面积过小，在进行峰形阈值过滤时被移除候选峰位。由此可见，以上问题多由光谱分辨率高，数据点密集，容易受到随机噪声扰动的干扰而引起。

4. 不同光谱分辨率下有效特征峰的识别

为避免光谱特征峰的定位及参数计算受到影响，将对光谱分辨率进行调整，在 $8cm^{-1}$、$16cm^{-1}$、$32cm^{-1}$、$64cm^{-1}$ 和 $128cm^{-1}$ 的分辨率水平下对比特征峰的识别情况。选择以上 5 个分辨水平的原因在于两方面：一方面，当分辨率更高时，光谱更加容易受到随机扰动的干扰，比分辨率为 $8cm^{-1}$ 的光谱更不利于特征峰的定位与识别，故而未设置比 $8cm^{-1}$ 更高的分辨率水平；另一方面，当波段范围一定时，光谱分辨率越低，光谱包含的数据点数越少，信息丢失就越多，当光谱分辨率为 $128cm^{-1}$ 时，信息丢失已经非常显著，故而未设置更低的分辨率水平。

按照表 3-14 所给出的参数组合，分别对不同分辨率的光谱进行特征峰识别，结果见表 3-16。

表 3-16　$8~128cm^{-1}$ 分辨率水平下对 S1~S4 类别样品的特征峰识别结果

序号	分辨率/cm^{-1}	平滑窗口	权值阈值	T_{pw}	T_{ps}	目标峰位正确率（%）	
						$5150cm^{-1}$	$6900cm^{-1}$
1	8	21	0.7	29	0.005	96.75	85.75
2	16	21	0.7	29	0.005	100	93.25
3	32	21	0.7	29	0.005	100	99.50
4	64	21	0.7	29	0.005	100	99.50
5	128	21	0.7	21	0.005	55.50	75.50

由表 3-16 可见,特征峰识别效果以 $32cm^{-1}$ 水平的分辨率为中心,向更高或更低分辨率变化时特征峰的识别准确率呈现下降趋势。首先,在更高分辨率方向上,随着分辨率的不断提高,光谱数据点变得逐渐密集起来,光谱也越来越容易受到随机扰动形成更多的伪峰,从而导致特征峰识别准确率降低;在更低分辨率方向上,随着分辨率的降低,光谱数据点逐渐减少并稀疏,光谱数据丢失越来越多,同时也导致原有特征峰位和参数产生较大偏差。

总结以上分析结果可以得到以下结论。

1)选择性平滑算法不仅能够像非选择性平滑算法一样使得粗糙的光谱波段变得平滑,重要的是其还能够保护原始光谱中较为平滑的波段,降低有用信息的损失,对提高 NIR 光谱分析准确率具有重要意义。

2)选择性平滑算法中涉及的权值计算窗口和平滑窗口宽度需要根据样本光谱自身特性进行优化和优选,在本书中针对苹果 NIR 光谱的优选结果为 21(即每个窗口内涵盖光谱数据点数为 21 个)。

3)针对苹果样品 NIR 光谱特征峰识别参数进行了优化和优选,研究结果表明在 $32cm^{-1}$ 的分辨率下,经选择性平滑算法预处理后的光谱,在表 3-14 中参数组合下,对 S1~S4 四类苹果样品 NIR 光谱特征峰的正确识别率不低于 99.50%。

综上所述,通过对平滑算法的改进和参数优化,实现了基于计算机软件自动识别苹果样品 NIR 光谱特征峰,这对于光谱数据库系统的构建和其他高层次的应用非常重要。

3.4.7 基于 SMA-P 的分类原理

在前文中,基于 DA 算法对 S1~S4 四类苹果样品进行了分类,发现当类别较少时分类正确率较高,随着类别的增加分类正确率有所降低。最为关键的是,当类别逐渐增加时,传统的 DA 算法难以基于样品 NIR 光谱对样品进行快速分类和分析。

SDBS 相对传统的模式识别算法的突出优势在于能够有效利用规模庞大的参照样品数据,理论上能够做到不受样本规模的限制。在本书中,基于 SMA-P 算法对 S1~S4 四类苹果样品进行了分类。

基于光谱匹配算法实现样品分类分析是在光谱之间差异的基础上实现的,因此,衡量光谱匹配算法性能是否优秀的标准应该是能否正确度量不同光谱之间的差异。首先,算法必须确保任意一条光谱与其自身的距离或差异为 0,相似度为 1(完全匹配);其次,算法要能够识别甚至放大不同光谱之间的细微差别。

假设 Hit 为不同光谱之间的匹配度,则 Hit 的取值范围为 $[0,1]$。任何光谱与其自身的匹配度恒为 1,与其他光谱之间的匹配度与 1 的差值应尽可能大。在一次具体的匹配任务中,若将待测光谱与参照光谱之间的最大匹配度记为 Max-Hit,次大匹配度记为 Second-Hit,则应尽可能放大 Max-Hit 与 Second-Hit 之间的差值,以便于实现样品的归类。依据以上原则,随机从 S1~S4 四类苹果样品中各抽取 5 个样品,根据它们的 NIR 光谱进行分类,相应参数的匹配结果见表 3-17~表 3-20。

表 3-17　基于特征峰个数的匹配结果

类　别　名	编　　号	最大匹配度	次大匹配度	最大匹配说明
新疆红富士	001	1	1	多目标
	002	1	1	多目标
	003	1	1	多目标
	004	1	1	多目标
	005	1	1	多目标
山东红将军	030	1	1	多目标
	031	1	1	多目标
	032	1	1	多目标
	033	1	1	多目标
	034	1	1	多目标
陕西红富士	002	1	1	多目标
	003	1	1	多目标
	010	1	1	多目标
	011	1	1	多目标
	012	1	1	多目标
陕西黄金帅	004	1	1	多目标
	005	1	1	多目标
	006	1	1	多目标
	007	1	1	多目标
	008	1	1	多目标

　　由表 3-17 可见，基于特征峰个数实现光谱匹配时，待测光谱与多个参照光谱之间的匹配度均为 1。主要原因在于基于特征峰个数计算光谱匹配度的算法过于简单，根据前文所述判断匹配算法优劣的准则，该算法性能较差。

表 3-18　基于特征峰位的匹配结果

类　别　名	编　　号	最大匹配度	次大匹配度	最大匹配说明
新疆红富士	001	1	0.996	001
	002	1	0.999	002
	003	1	0.994	003
	004	1	0.997	004
	005	1	0.995	005
山东红将军	030	1	0.995	030
	031	1	1	多目标
	032	1	0.991	032
	033	1	1	多目标
	034	1	1	多目标

（续）

类　别　名	编　　号	最大匹配度	次大匹配度	最大匹配说明
陕西红富士	002	1	0.995	002
	003	1	0.992	003
	010	1	0.995	010
	011	1	1	多目标
	012	1	0.993	012
陕西黄金帅	004	1	0.992	004
	005	1	0.991	005
	006	1	0.979	006
	007	1	0.993	007
	008	1	1	多目标

由表 3-18 可见，基于特征峰位实现光谱匹配时，待测光谱与多个参照光谱之间的匹配度均为 1 的情况显著减少，但仍然占总数的 25% 左右，算法性能较基于特征峰个数实现光谱匹配的算法有所提升，但有待进一步提高。

表 3-19　基于特征峰面积的匹配结果

类　别　名	编　　号	最大匹配度	次大匹配度	最大匹配说明
新疆红富士	001	1	0.996	001
	002	1	0.999	002
	003	1	0.998	003
	004	1	0.998	004
	005	1	0.994	005
山东红将军	030	1	0.998	030
	031	1	0.997	031
	032	1	0.994	032
	033	1	0.965	033
	034	1	0.990	034
陕西红富士	002	1	0.995	002
	003	1	0.992	003
	010	1	0.995	010
	011	1	1	多目标
	012	1	0.993	012
陕西黄金帅	004	1	0.992	004
	005	1	0.991	005
	006	1	0.979	006
	007	1	0.993	007
	008	1	1	多目标

由表 3-19 可见，基于特征峰面积实现光谱匹配时，待测光谱与多个参照光谱之间的匹配度均为 1 的情况显著减少，仅占总数的 10%左右，算法性能较基于特征峰位实现光谱匹配的算法又有所提升。

表 3-20　基于特征峰宽度的匹配结果

类　别　名	编　　号	最大匹配度	次大匹配度	最大匹配说明
新疆红富士	001	1	0.952	001
	002	1	0.97	002
	003	1	0.971	003
	004	1	0.952	004
	005	1	0.995	005
山东红将军	030	1	0.980	030
	031	1	0.867	031
	032	1	0.893	032
	033	1	0.978	033
	034	1	0.996	034
陕西红富士	002	1	0.979	002
	003	1	0.937	003
	010	1	0.975	010
	011	1	0.985	011
	012	1	0.966	012
陕西黄金帅	004	1	0.982	004
	005	1	0.976	005
	006	1	0.959	006
	007	1	0.965	007
	008	1	0.954	008

由表 3-20 可见，基于特征峰宽度实现光谱匹配时，待测光谱与多个参照光谱之间的匹配度均为 1 的情况已经消失，算法已经能够完全区分样品本身与其他样品。

3.4.8　基于 SMA-P 的苹果样品分类

如前所述，SDBS 中通常保存有数量庞大的参照样品及其光谱数据，对每次的数据库检索操作都进行全库检索和匹配是不切实际的事情，必须首先对样品进行分类识别（可能是一层分类，也可能分类过程本身就包含若干层分类），再进一步在类别内部进行样品到样品的匹配。

由此可见，按照样品的光谱对其进行分类识别对 SDBS 十分重要。在本试验中，苹果样品的 NIR 光谱的特征峰及其参数不仅仅是表征样品特性的基础数据，还是进行光谱数据库查询的重要依据。本节将在前文的基础上，进一步探索基于苹果样品 NIR 光谱对苹果样品进行分类识别可能性。

首先，构建参照样品类别中心。针对每个类别中心，采用光谱预处理与光谱特征提取方法提取特征信息，将类别中心的基本信息、类别中心对应的光谱及光谱的特征信息相关联，并一起添加到 SDBS 的"Classcenter"表中，作为 SDBS 查询的第一级匹配与参照对象。

其次，针对 S1~S4 四个类别所包含的全部样品，对光谱的预处理和特征提取过程与对类别中心的预处理和特征提取过程完全一致。待信息提取完成后，将每个样品的基本信息、原始光谱和提取的光谱特征一并存入光谱数据库，并将每个样品与自己的类别中心建立关联。

最后，在针对每个待测样品的分析过程中，都要经过以下步骤。首先，针对每个待测样品的光谱进行预处理，预处理的方法应与对参照光谱进行的预处理保持完全一致；其次，将每个待测样品的光谱与类别中心进行匹配度计算（类别中心可能有多个层级，每次仅在同层级的类别中心间计算匹配度），根据匹配结果将待测样品归类到匹配度最高的类别中去；最后，在对应的类别内部计算待测样品与所有参照样品的匹配度，再将待测样品与匹配度最高的参照样品相关联。

按照以上过程，对 S1~S4 四个类别的样本进行分类识别，结果见表 3-21。

表 3-21　按照多种特征峰参数指标进行样品分类识别结果

样品类别	数量（个）	特征峰参数（%）					
		峰个数匹配	峰位匹配	峰宽匹配	峰面积匹配	综合指标	均值
新疆红富士	100	36.00	14.00	8.00	39.00	13.00	22.00
山东红将军	100	45.00	64.00	91.00	48.00	53.00	60.20
陕西红富士	100	0.00	31.00	3.00	48.00	37.00	23.80
陕西黄金帅	100	3.00	93.00	87.00	85.00	84.00	70.40
均值	100	21.00	50.50	47.25	55.00	46.75	44.10

由表 3-21 可见，基于 SMA-P 算法的苹果分类识别准确率整体结果较差，主要体现在以下两方面。其一，使用单项特征峰参数进行匹配时，对部分样品的分类正确率较高，比如，采用峰位匹配时，对 S4 类别的样本分类正确率达到 93.00%，但对四类样品的整体分类正确率仅为 50.50%；其二，对同一类别采用不同匹配方法，结果差距十分巨大，比如，仍然针对 S4 类别采用峰个数匹配时，正确率仅为 3.00%；对于各个类别总体分类识别正确率维持在较低水平，平均正确率不足 50%。

以上结果表明 SMA-P 算法不适用于苹果样品的分类初选。

3.5　本章小结

本章主要描述了一种选择性平滑算法，对苹果 NIR 光谱特征峰识别算法及参数进行了优选，基于 SMA-P 算法对苹果样品进行分类研究，详细总结如下。

（1）一种选择性平滑算法　针对目前常用光谱平滑算法对光谱中所有数据点采用统一的处理策略，给平滑的光谱特征波段带来较多信息损失的问题，本书提出一种根据光谱数据点权值大小适配平滑算法的策略，既能够保证粗糙部分的平滑效果，又能减少平滑部分的信息丢失。对窗口宽度和权值阈值进行了优选，试验结果表明当窗口宽度为 21，权值阈值为 0.7 时达到较好状态，既能够确保粗糙的光谱波段平滑效果较好，又能够充分保护平滑的光谱波段免受较大的信息损失。

（2）苹果样品 NIR 光谱特征峰识别参数优选　根据 SDBS 的需求，研究和设计了苹果样品 NIR 光谱特征峰自动识别算法，并对其中的关键参数进行了优化。针对传统特征峰识别算法需要人工界定光谱特征峰，无法胜任 SDBS 需求的问题进行改进。根据苹果样品 NIR 光谱的特殊性，判定目标峰位所在位置及其特征，通过批量样品测试不同的 T_{pw} 和 T_{ps} 对非目标"特征峰"的过滤效果。实际测试结果表明在表 3-14 的参数配置下有效特征峰识别率不低于 99.50%。算法主要包含以下环节。

1）通过在全波段范围内寻找所有的局部最大值的拐点，将其看作一个候选特征峰位。

2）针对每一个候选特征峰位，以峰位为中心分别向左右两侧寻找最近的局部最小值，即寻找与候选峰位相对应的左右边界。

3）根据给定的阈值，比如 T_{pw}，对所有候选峰位进行过滤，以去除因噪声引起的小范围波段产生的假性峰。

4）对筛选出的每一个特征峰，计算对应的特征参数，比如，左半宽、右半宽、高度、面积、峰形指数等参数。

（3）基于 SMA-P 算法的苹果分类识别　探索了基于 SMA-P 的苹果分类识别的可行性，对比了特征峰匹配方法，通过对若干个类别的苹果样品的分类实际测试表明，采用单项特征峰参数进行光谱匹配时，对不同样品光谱的区分效果较差，当融合几种参数共同参与光谱匹配时，区分效果得到明显改善，可区分不同样品；然而，基于 SMA-P 算法对苹果样品进行分类的结果表明，此算法分类和预测未知样品的准确率较低，在试验测试的 S1~S4 四个类别的样品范围内，采用峰面积作为匹配指标计算光谱匹配时的分类准确率均值为 55.00%，当采用特征峰个数作为匹配指标进行光谱匹配时的分类准确率均值仅为 21.00%，可见基于 SMA-P 算法分类苹果样品的整体效果均不理想。

以上研究结果表明，经过改进后的平滑算法对原本较为平滑的光谱波段的保护效果较好；通过优选 T_{pw} 和 T_{ps}，能够准确地过滤伪峰、识别有效特征峰并计算其参数；但 SMA-P 算法对苹果样品的分类识别效果较差。

第 4 章 基于杰卡德相似性系数原理的 SMA-FS 在苹果分类识别中的应用

4.1 引言

如前所述，SDBS 除了能够用于光谱信息的保存和维护，提高和改善光谱信息管理效率外，还能够被用于对未知样品的快速分析和生产加工过程的实时监测。这主要得益于 SDBS 拥有丰富的信息资源和先进的信息化平台的支撑。

支撑 SDBS 运行的除了计算机硬件系统外，更为重要的是软件系统和相应算法的支撑。比如，光谱预处理、波段选择、定性和定量建模、特征提取和光谱匹配以及数据库查询算法等。其中，光谱匹配算法对 SDBS 尤为重要，是支撑基于该系统实现对未知样品快速分析的基石，直接决定着光谱数据库系统的成败。

对于光谱匹配算法，SMA-P 比 SMA-FS 复杂度低且易于理解，但该类算法的匹配精度通常较低，常用于特征非常显著和稳定的中红外和拉曼光谱的分析。在本书的第三章也已经探索了基于 SMA-P 算法分类苹果样品的可能性，结果不甚理想。

相较而言，SMA-FS 直接或间接基于全部光谱数据点计算光谱相似度，不受特征峰识别准确率的影响，匹配的准确率相对较高；另一方面，SMA-FS 对相互比较的光谱提出了更高的要求，比如，SMA-FS 原则上要求相比较的光谱具有相同的光谱分辨率，而 SMA-P 对光谱分辨率不敏感。

在已有的研究报道中，常见的几种 SMA-FS 包括 AD、SSD、CC、SA 和 ED。目前，这些算法已在化合物结构分析、化学试剂识别、简单混合物成分分析等方面得以研究和应用。

通过对常见的全谱匹配算法原理分析不难发现，这些算法具有一个共同的特点，即均直接采用光谱的吸光度、光谱反射比或能量值等作为距离或相似度计算的元数据。对于固体样品而言，由于固体样品表面特征很难保持完全一致，因此，即使对同一固体样品连续多次采集的漫反射光谱也难以完全保持一致，当检测部位发生改变时光谱的变化将会十分显著。因此，直接使用吸光度进行全光谱匹配往往导致同一样品光谱之间的匹配度较低，甚至低于不同样品光谱之间的匹配度，从而导致误判。尽管通过从同一样品不同部位采集多条光谱取平均的方式可以使得光谱更能体现样品的整体情况，但仍然不能从根本上解决这个问题。

本章探索一种新的光谱匹配思路，即使用光谱曲线波形的相似度表示光谱之间的相似度。算法对杰卡德相似性系数原理（Jaccard Similarity Coefficient，JSC）进行改进实现光谱曲线波形的对比。JSC 是一种用来度量 2 个集合之间相互重叠程度的方法，它的一种变形可以计算 2 个二进制序列之间的相似度。由于一阶导数可以表征曲线的增减特征，因此可以使用一阶导数表示曲线的波形。为了使匹配算法具有模糊匹配的特性（忽略一些较为细小的差异），研究尝试将光谱一阶导数二值化，即通过变换算法将光谱一阶导数值均变换为 0 或 1，0 表示光谱曲线在对应的波段内单调递减，1 表示光谱曲线在对应的波段范围内单调递增。采用改进后的 JSC 算法在全光谱范围内计算光谱一阶导数之间的相似度，以此相似度表征光谱曲线之间的相似度。

4.2 方法介绍

4.2.1 苹果样品 NIR 光谱的一阶导数

在本书中所述的 NIR 光谱均为傅里叶变换近红外光谱（FT-NIR），每条 FT-NIR 光谱通常均由为数较多的数据点构成，每个数据点又由波长和吸光度（或者为光谱反射比和能量）数值构成。将相邻的数据点使用线段两两相连即形成了日常所见的 FT-NIR 光谱曲线，由此可见 FT-NIR 光谱曲线实质上是由多条线段拼接而成。以编号 S1-001 样品为例，其中某处的原始光谱分段与相应的一阶导数关系如图 4-1 所示。

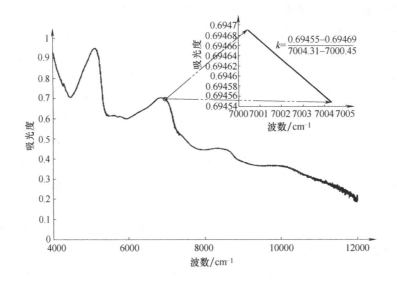

图 4-1　S1-001 号样本原始光谱分段与相应的一阶导数关系

依此类推，FT-NIR 光谱曲线中的每条线段均对应一个斜率，将每条线段对应的波长与斜率构成一个新的数据点，将这些数据点用线段连接起来即形成了一阶导数光谱。仍以分辨率为 $8cm^{-1}$ 的 S1-001 号样品光谱为例，其一阶导数光谱曲线如图 4-2 所示。

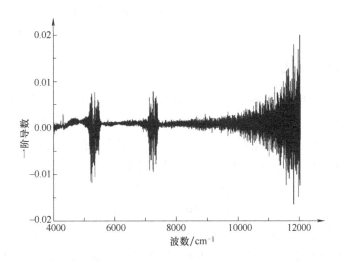

图 4-2　S1-001 号样品的一阶导数光谱曲线

由以上叙述可见，若假定某条光谱曲线 S 共包含 n 个数据点，则可知 S 是由 $n-1$ 条线段共同组成，而其一阶导数光谱 S' 相较于 S 少 1 个数据点，即 S' 由 $n-1$ 个数据点构成。依次类推，微分阶次每增加 1 个阶次数据点减少 1 个。

为了便于计算，在本项目研究中将线段的起始波段与线段的斜率组合构成相应的导数光谱数据点，比如，针对 S1-001 号样品原始光谱中第 1 和第 2 个光谱点连线所构成的线段的斜率将与第 1 个数据点的波长相关联，两者共同构成一阶导数光谱的第 1 个数据点。依此类推，原始光谱的第 i 和第 $i+1$ 个数据点连线之间的斜率与第 i 个数据点的波长相关联，构成一阶导数光谱的第 i 个数据点。

4.2.2　一阶导数光谱的预处理

一阶导数光谱与原始光谱曲线各个分段的斜率相对应，根据斜率与函数的增减关系将一阶导数光谱与原始光谱曲线的单调增减性相关联。其中，小于 0 的一阶导数表示原始光谱在对应的波段范围内的单调增减性为单调递减，大于 0 的一阶导数表示原始光谱在对应波段范围内的单调增减性为单调递增，而等于 0 的一阶导数表示原始光谱在对应波段范围内为平直线段。

根据经验可知，平直的线段会造成光谱特征峰平顶问题，给光谱特征峰定位带了困难，不利于光谱特征提取与分析。本书提出了一种简单易行的变换方式，既能克服光谱平顶问题，又不改变光谱的原有属性，变换方式见式（4-1）。

如果 $S'(i)$ 等于 0，则令

$$S'(i) = S'(i-1) \tag{4-1}$$

式中，$S'(i)$ 为一阶导数光谱 S' 的第 i 个数据点的值。

通过上述变换，可将原始光谱水平的波段视为紧邻的单调递增或单调递波段的延续，若紧邻水平波段的左侧光谱波段的单调增减性为单调递增，则认为该水平波段的增减性也为单调递增；反之，若紧邻水平波段的左侧光谱波段的增减性为单调递减，则认为该水平波段的增减性也为单调递减。

4.2.3　一阶导数二值化

对于任意的一阶导数光谱曲线，去除零值后一阶导数值仅包含正值和负值两种最基本的情况，若此时直接基于一阶导数计算光谱匹配度，则与传统的基于原始光谱吸光度或光谱反射比直接计算光谱匹配的算法差别不大。为了进一步提高匹配算法的容错性能和抗干扰性，本书提出对光谱的一阶导数实施二值化变换，变换规则见式（4-2）。

$$\begin{cases} S'(i)=1 & S'(i)>0 \\ S'(i)=0 & S'(i)<0 \end{cases} \tag{4-2}$$

式中，$S'(i)$ 为光谱的一阶导数。

相较于二值化变换之前，变换后的一阶导数光谱仅保留了原始光谱在相应波段的单调增减性，而不再关注原始光谱在相应波段的单调增减幅度。结合朗伯-比尔定律，可以将此变换理解为在进行样品分析时，仅关注样品成分中所含有的物质种类，而不再关注物质的浓度。

4.2.4　JSC

JSC 是一种用于度量集合与集合之间重合度的方法。假设现有两个集合 A、B，则它们之间的相似性系数可由式（4-3）求得。

$$J(A,B)=\frac{|A\cap B|}{|A\cup B|} \tag{4-3}$$

即 A、B 之间的 JSC 相似度是 A、B 的交集所包含的元素个数与 A、B 的并集所包含的元素个数的比值。

与 JSC 相对应的还有杰卡德距离（Jaccard Distance，JD），两个集合 A、B 之间的 JD 可以用式（4-4）表示。

$$J(A,B)=1-\frac{|A\cap B|}{|A\cup B|}=\frac{|A\cup B|-|A\cap B|}{|A\cup B|} \tag{4-4}$$

可将 JSC 的相关定义进一步延伸到 n 维向量的相似度计算。比如，现有向量 $A(0,1,1,0)$ 和 $B(0,0,1,1)$，将向量 A 和 B 看成一个由 4 项数据构成的集合，当对应的位置为 1 表示集合中包含相应数据项，为 0 表示集合中不包含相应数据项，则 A 和 B 在相对应的位置上的取值情况只能为以下几种之一。

1）在第 i 位 A 和 B 的元素均为 1。

2）在第 i 位 A 和 B 的元素均为 0。

3）在第 i 位 A 的元素为 0，B 的元素为 1。

4）在第 i 位 A 的元素为 1，B 的元素为 0。

i 为区间 $[1,4]$ 的任意整数值，对集合 A、B 中所有对应位置的元素逐一归类，并将以上 4 种情况发生频次分别累计到变量 p、q、r、s 中，则集合 A 与集合 B 的 JSC 系数可通过式（4-5）

表示，即

$$J(A,B)=\frac{p}{p+q+r} \tag{4-5}$$

此处，忽略 s 的原因在于该方法一般处理的都是非对称二元变量的情况，负匹配的数量 s 被认为是不重要的，因此计算时忽略。

4.2.5　JSC 在 NIR 光谱匹配中的应用

前面介绍了一阶导数光谱二值化的方法与意义，可以将经过二值化变换的光谱数据看作高维向量，根据前节所述方法可构造基于 JSC 原理的全光谱匹配算法（Spectral Matching Algorithm Based on JSC，SMA-JSC）。在经过二值化变换后，一阶导数光谱在任意波段的取值被限定在 0 或 1。

假设现有光谱 SA、SB 以及与它们相对应的高维向量 A、B，在对等位置上向量 A、B 的分量之间也存在以下 4 种情形。

1）两个分量的值同时为 1。

2）两个分量的值同时为 0。

3）A 的分量为 1，B 的分量为 0。

4）A 的分量为 0，B 的分量为 1。

分别将以上 4 种情况出现的频次记作变量 p、q、r、s，则光谱 SA 与 SB 的匹配度可通过式（4-6）表示，即

$$Sim(SA,SB)=\frac{p+q}{p+q+r+s} \tag{4-6}$$

式中，p 和 q 所统计的是情形 1）和情形 2）所发生的频次，它们均表示光谱曲线 SA 与 SB 在相应波段范围的单调增减性相同；r 和 s 所统计的是情形 3）和情形 4）所发生的频次，它们均表示光谱曲线 SA 与 SB 在相应波段范围的单调增减性相反。

在上述方法中，通过对一阶导数光谱的二值化变换仅保留了光谱曲线在各个波段的单调增减特性，而忽略了各个波段的单调增减幅度，一方面可以降低噪声或无关信息的干扰，但另一方面也可能会造成信息过度丢失。对此，可对算法做相应调整，基于各个波段的单调增减幅度计算不同光谱之间的相似度。

4.2.6　SMA-JSC 算法的改进

针对前文所指出的未将光谱曲线增减幅度参与光谱匹配度计算可能导致信息过度丢失的问题，本节提出一种改进方案。

假设 S_1 和 S_2 为波段范围与分辨率完全一致的两条光谱曲线，则光谱 S_1 和 S_2 在此波段范围的相似度可由式（4-7）求得，即

$$Sim(S_1(i),S_2(i))=\begin{cases}\dfrac{S'_1(i)}{S'_2(i)} & |S'_1(i)|<|S'_2(i)| \\[2mm] \dfrac{S'_2(i)}{S'_1(i)} & |S'_1(i)|>|S'_2(i)|\end{cases} \tag{4-7}$$

式中，$S_1(i)$ 和 $S_2(i)$ 分别为 S_1 和 S_2 的第 i 个数据点；$S'_1(i)$ 和 $S'_2(i)$ 分别为 S_1 和 S_2 对应一阶导数光谱的第 i 个数据点。

光谱 S_1 和 S_2 的整体相似度可由式（4-8）求得，即

$$Sim(S_1,S_2) = \frac{\sum_{i=0}^{n-1} Sim(S_1(i),S_2(i))}{n-1} \tag{4-8}$$

通过以上改进，将光谱曲线在各个波段的单调增减幅度引入光谱相似度计算中，降低了信息丢失幅度，对光谱质量较高和精度要求更高的场合适用性更好。

4.3　试验

4.3.1　试验样品

在第三章测试样品的基础上，进一步扩展测试样品集的范围，新增加了三个类别的市售苹果作为测试对象，它们的品种均为红富士，产地分别为甘肃、陕西和山东，新增的三类样品的基本信息见表4-1。

表 4-1　S5~S7 类样品的基本信息

类　别	产　地	品　种	数量/个	横径/mm	纵径/mm
S5	甘肃	红富士	100	75~85	65~75
S6	陕西	红富士	100	75~85	65~75
S7	山东	红富士	100	75~85	65~75

与 S1~S4 类样品要求类似，所有试验样本均为同一批次购买，为尽可能减少与试验目的不相关因素的干扰，对样本进行适当筛选，确保所有样本状态正常、无损伤、大小均匀、果形匀称、同品种样本间色差小。对于部分样本表面的污垢，采用湿布擦拭干净。采集 NIR 光谱和进行 SSC 测量之前，所有样本均保存在环境温度为 20℃±1℃，湿度为 60%±2%RH 的环境下（与试验环境温度保持一致）。

4.3.2　光谱仪与参数设置

对新增加的 S5~S7 类样品，其光谱采集仪器、仪器参数设置、光谱采集环境参数和采集光谱过程中的操作细节和注意事项的要求均与 S1~S4 类样品的要求保持一致，此处不再赘述。

4.3.3　支撑试验的软硬件平台

基于杰卡德相似性系数原理的 SMA-FS 在苹果分类识别算法的测试环境，与一种选择性平滑算法及 SMA-P 的苹果分类识别算法的测试环境保持一致。

4.4 结果与分析

4.4.1 S5~S7 三类样品的 SSC 含量

在化学属性方面，采用前文中所介绍的方法对 S5~S7 三类样品进行 SSC 含量检测，三类样品的 SSC 分布情况见表 4-2。

表 4-2　S5~S7 三类样品的 SSC 分布情况

类 别 号	样品类别	SSC 均值	SSC 最大值	SSC 最小值	标 准 差
S5	甘肃红富士	13.61	15.70	10.10	0.86
S6	陕西红富士	13.41	16.00	11.40	0.89
S7	山东红富士	12.44	14.60	9.80	0.97

结合表 3-6 和表 4-2 可见，S1~S7 七个类别样品 SSC 的分布重复范围大，差异小，仅基于几类样品的 SSC 无法实现样品分类；在样品的尺寸和质量上，第一批 S1~S4 类别的样品与第二批 S5~S7 类别样品的尺寸和质量等参数上无显著差异，仅依赖样品的 SSC、尺寸和质量等指标无法实现几类样品的分类。

4.4.2 基于 DA 的 S1~S7 分类

前文介绍了基于 DA 算法实现 S1~S4 四个类别的苹果样品分类识别的情况。由于样品集范围的扩展，需要重新将两个批次的样本合并成一组样品，并重新分组测试，按照每组包含样品类别数量，可将测试划分为多个组别，分别在表 4-3~表 4-7 中展示。

表 4-3　基于 DA 的 S1~S7 两两分类正确率

序 号	分 组	光 谱 类 型		
		原始光谱（%）	一阶导数（%）	二阶导数（%）
1	S1、S2	100	96.50	96.00
2	S1、S3	93.50	96.00	96.00
3	S1、S4	98.50	97.50	97.50
4	S1、S5	100	94.50	88.00
5	S1、S6	98.00	93.50	90.00
6	S1、S7	99.00	97.00	96.00
7	S2、S3	93.00	92.00	92.00
8	S2、S4	100	96.00	96.50
9	S2、S5	100	100	100
10	S2、S6	98.00	100	100
11	S2、S7	98.50	99.00	99.00
12	S3、S4	97.50	88.50	91.50

（续）

序　号	分　组	光　谱　类　型		
		原始光谱（%）	一阶导数（%）	二阶导数（%）
13	S3、S5	100	97.50	99.50
14	S3、S6	98.50	97.00	98.50
15	S3、S7	99.50	98.00	97.50
16	S4、S5	100	95.00	100
17	S4、S6	100	99.50	100
18	S4、S7	100	98.00	97.50
19	S5、S6	100	87.00	95.50
20	S5、S7	100	99.00	99.00
21	S6、S7	97.50	92.00	92.00
平均值		98.60	95.90	96.30

由表 4-3 可见，基于 DA 对 S1~S7 进行两两分类时，无论是采用原始光谱、一阶导数光谱或二阶导数光谱均可取得较高的分类正确率，并未因样品集的扩展而导致分类正确率的降低。

表 4-4　基于 DA 的 S1~S7 分类正确率（三个类别一组）

序　号	分　组	光　谱　类　型		
		原始光谱（%）	一阶导数（%）	二阶导数（%）
1	S1、S2、S3	87.00	92.00	92.00
2	S1、S2、S4	98.70	95.70	95.30
3	S1、S2、S5	98.70	92.70	94.30
4	S1、S2、S6	97.30	94.00	95.70
5	S1、S2、S7	99.00	96.70	97.00
6	S1、S3、S4	91.70	96.00	96.70
7	S1、S3、S5	95.00	96.30	97.00
8	S1、S3、S6	92.70	96.30	97.00
9	S1、S3、S7	94.30	96.70	95.30
10	S1、S4、S5	98.30	92.70	93.30
11	S1、S4、S6	99.00	92.70	93.00
12	S1、S4、S7	99.70	96.30	96.30
13	S1、S5、S6	98.70	92.70	84.70
14	S1、S5、S7	99.30	98.30	97.70
15	S1、S6、S7	88.00	91.70	91.70
16	S2、S3、S4	92.00	92.30	92.30
17	S2、S3、S5	93.30	94.00	94.30
18	S2、S3、S6	92.70	94.70	94.30

（续）

序　号	分　组	光 谱 类 型		
		原始光谱（%）	一阶导数（%）	二阶导数（%）
19	S2、S3、S7	94.30	94.00	94.00
20	S2、S4、S5	99.30	92.70	98.00
21	S2、S4、S6	98.30	95.30	98.00
22	S2、S4、S7	99.70	97.00	97.30
23	S2、S5、S6	98.30	92.70	94.70
24	S2、S5、S7	99.00	99.30	99.30
25	S2、S6、S7	90.30	93.70	94.70
26	S3、S4、S5	98.30	92.70	93.00
27	S3、S4、S6	97.30	92.30	93.70
28	S3、S4、S7	97.70	93.00	94.00
29	S3、S5、S6	99.00	97.30	96.00
30	S3、S5、S7	99.00	99.00	99.30
31	S3、S6、S7	87.00	94.00	93.30
32	S4、S5、S6	99.70	90.30	92.70
33	S4、S5、S7	96.70	99.30	99.30
34	S4、S6、S7	88.70	94.00	94.70
35	S5、S6、S7	97.70	93.70	93.70
平均值		95.90	94.60	95.00

由表 4-4 可见，基于 DA 对 S1~S7 进行三类一组分类时，无论是采用原始光谱、一阶导数光谱或二阶导数光谱均可取得较高的分类正确率，但相较于两两分组的分类准确率有所降低。

表 4-5　基于 DA 的 S1~S7 分类正确率（四个类别一组）

序　号	分　组	光 谱 类 型		
		原始光谱（%）	一阶导数（%）	二阶导数（%）
1	S1、S2、S3、S4	88.75	93.00	91.50
2	S1、S2、S3、S5	90.50	94.00	94.00
3	S1、S2、S3、S6	89.75	93.25	92.00
4	S1、S2、S3、S7	91.25	93.00	89.20
5	S1、S2、S4、S5	98.00	94.25	95.50
6	S1、S2、S4、S6	97.25	82.25	83.00
7	S1、S2、S4、S7	87.00	83.50	84.50
8	S1、S2、S5、S6	93.25	86.00	91.00
9	S1、S2、S5、S7	92.75	97.50	89.00
10	S1、S2、S6、S7	94.00	87.75	97.50

（续）

序　号	分　　组	光 谱 类 型		
		原始光谱（%）	一阶导数（%）	二阶导数（%）
11	S1、S3、S4、S5	94.50	96.75	85.50
12	S1、S3、S4、S6	95.50	86.00	87.25
13	S1、S3、S4、S7	85.75	87.75	91.00
14	S1、S3、S5、S6	99.25	89.00	96.50
15	S1、S3、S5、S7	99.25	97.50	92.25
16	S1、S3、S6、S7	87.75	93.25	88.00
17	S1、S4、S5、S6	91.25	88.50	97.25
18	S1、S4、S5、S7	93.25	97.25	82.00
19	S1、S4、S6、S7	92.50	83.25	93.75
20	S1、S5、S6、S7	93.00	94.00	94.00
21	S2、S3、S4、S5	86.00	93.50	94.25
22	S2、S3、S4、S6	94.50	94.00	94.50
23	S2、S3、S4、S7	86.50	94.50	87.75
24	S2、S3、S5、S6	98.75	90.50	95.25
25	S2、S3、S5、S7	99.25	95.25	91.25
26	S2、S3、S6、S7	89.25	91.25	86.50
27	S2、S4、S5、S6	94.00	92.25	98.00
28	S2、S4、S5、S7	98.00	98.00	91.75
29	S2、S4、S6、S7	98.25	91.25	92.25
30	S2、S5、S6、S7	90.25	95.25	93.00
31	S3、S4、S5、S6	91.25	92.50	95.25
32	S3、S4、S5、S7	92.00	94.25	91.00
33	S3、S4、S6、S7	96.70	90.25	95.25
34	S3、S5、S6、S7	88.70	95.25	95.25
35	S4、S5、S6、S7	97.70	95.25	93.70
平均值		93.40	92.00	91.80

由表 4-5 可见，基于 DA 对 S1~S7 进行四类一组分类时，无论是采用原始光谱、一阶导数光谱或二阶导数光谱的分类正确率均在 90% 左右，但相较于三类一组分类准确率进一步所降低。

表 4-6　基于 DA 的 S1~S7 分类正确率（五个类别一组）

序　号	分　　组	光 谱 类 型		
		原始光谱（%）	一阶导数（%）	二阶导数（%）
1	S1、S2、S3、S4、S5	90.80	90.60	89.40
2	S1、S2、S3、S4、S6	90.00	80.80	82.00
3	S1、S2、S3、S4、S7	91.20	81.80	83.40

（续）

序 号	分 组	光谱类型		
		原始光谱（%）	一阶导数（%）	二阶导数（%）
4	S1、S2、S3、S5、S6	91.40	59.60	62.20
5	S1、S2、S3、S5、S7	92.40	60.80	63.40
6	S1、S2、S3、S6、S7	85.00	83.00	85.40
7	S1、S2、S4、S5、S6	97.60	85.40	86.60
8	S1、S2、S4、S5、S7	98.60	86.60	87.40
9	S1、S2、S4、S6、S7	87.80	79.80	82.80
10	S1、S2、S5、S6、S7	94.40	88.20	88.60
11	S1、S3、S4、S5、S6	95.00	89.40	89.40
12	S1、S3、S4、S5、S7	88.80	76.40	77.00
13	S1、S3、S4、S6、S7	91.80	83.40	84.80
14	S1、S3、S5、S6、S7	98.50	97.00	98.50
15	S1、S4、S5、S6、S7	88.80	86.80	87.20
16	S2、S3、S4、S5、S6	87.20	88.80	88.80
17	S2、S3、S4、S5、S7	93.80	88.20	90.60
18	S2、S3、S4、S6、S7	94.40	95.60	95.60
19	S2、S3、S5、S6、S7	88.20	73.80	75.20
20	S2、S4、S5、S6、S7	91.80	93.00	93.00
21	S3、S4、S5、S6、S7	91.20	93.00	93.60
平均值		91.60	83.40	84.80

由表 4-6 可见，基于 DA 对 S1～S7 进行五类一组分类时，无论是基于原始光谱、一阶导数光谱还是二阶导数光谱进行分类时，相较于四类一组分类准确率进一步所降低，尤其是采用一阶导数或二阶导数分类时正确率降低幅度较大。

表 4-7　基于 DA 的 S1～S7 分类正确率（六个类别一组）

序 号	分 组	光谱类型		
		原始光谱（%）	一阶导数（%）	二阶导数（%）
1	S1、S2、S3、S4、S5、S6	91.20	84.00	85.00
2	S1、S2、S3、S4、S5、S7	92.00	84.80	85.80
3	S1、S2、S3、S4、S6、S7	86.70	57.20	58.70
4	S1、S2、S3、S5、S6、S7	88.30	84.20	85.50
5	S1、S2、S4、S5、S6、S7	94.00	82.30	77.30
6	S1、S3、S4、S5、S6、S7	90.50	77.80	77.20
7	S2、S3、S4、S5、S6、S7	90.70	78.00	79.00
平均值		90.50	78.30	78.40

由表 4-7 可见，当进行六类一组进行分类识别时，尤其是采用一阶导数或二阶导数分类时正确率均降低至 80% 左右，仅采用原始光谱进行分类识别时的正确率保持在 90% 左右，但相对于组内类别较少时的正确率仍然呈现降低的趋势。当将七个类别合并为统一的大类进行分类识别时，仍然是基于原始光谱的分类识别准确率最高。

通过表 4-3~表 4-7 可见，随着组内类别的增加，DA 分类准确率呈现下降趋势。为了更好地观察变化规律，将分类正确率与组内类别之间的关系在图 4-3 中进一步展示。

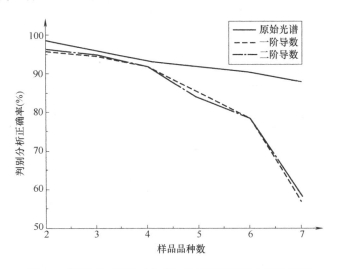

图 4-3　样品 DA 分类正确率与样品类别数量之间的关系

由图 4-3 可见，针对 S1~S7 七个类别的样品进行 DA 分类识别时，分类正确率均随着组内类别的数量增大而降低，无论是基于原始光谱、一阶导数光谱还是二阶导数光谱都呈现下降趋势。所不同的是，基于原始光谱分析时 DA 分类正确率随组内类别增加而降低的速度最慢（总体斜率为 -0.0212），基于一阶导数或二阶导数分析时 DA 分类正确率随组内类别数量的增加下降速度明显较快，尤其是当组内类别数量较多时，可以预见分类正确率将降低至很低的水平。

综上可知，基于 DA 算法对样品分类的正确率随着组内类别的增加下降显著，而 SDBS 正是用于保存大量、多类别的参照样品数据。因此，这种特点决定了传统的 DA 分类方法以及与 DA 相似的分类算法将无法胜任光谱数据库系统中的多类别样品分类任务，需要为 SDBS 另行研究和设计分类初选算法。

4.4.3　类别中心构建

采用与 S1~S4 四个类别的样品中心相同的构建方法对新增 S5~S7 三个类别样品建立各自的类别中心，并将每个类别内部的所有样品及其光谱存入数据库，建立与对应类别中心的关联。S5~S7 的类别中心及各个类别内部样品的 NIR 光谱如图 4-4 所示。其中，图 4-4a、图 4-4b 和图 4-4c 所示为 S5~S7 三个类别内部全体样品的 NIR 光谱，图 4-4d 所示为 S5~S7 三个类别中心对应的 NIR 光谱。

由图 4-4a、图 4-4b 和图 4-4c 可见，S5~S7 三个类别样品光谱的吸光度在全波段范围内互相交错和重叠，强度分布区间重合度高；S5~S7 的类别中心光谱波形相似度高，多个波段相互

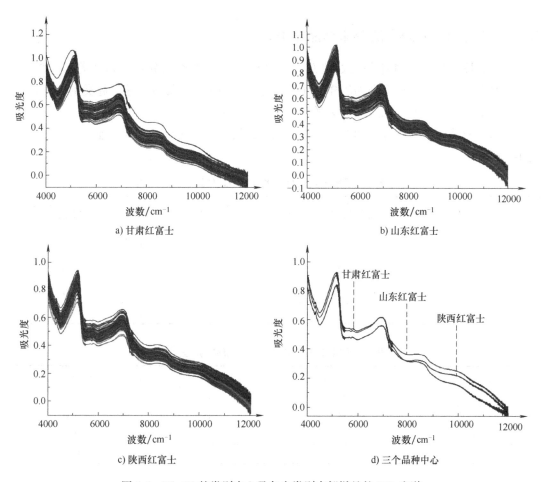

a) 甘肃红富士　　　　　　　　b) 山东红富士

c) 陕西红富士　　　　　　　　d) 三个品种中心

图 4-4　S5~S7 的类别中心及各个类别内部样品的 NIR 光谱

交错，无法简单地基于光谱的吸光度值区分类别。将 S1~S4 与 S5~S7 两个批次、七个类别的中心光谱集中起来，如图 4-5 所示。可以看出，七个类别中心光谱的波形相似度均较高。

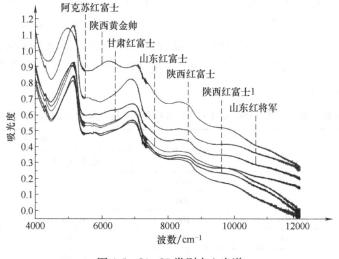

图 4-5　S1~S7 类别中心光谱

4.4.4 基于 SMA-JSC 的苹果样品分类识别

首先，按照与 S1～S4 相同的处理方式，对 S5～S7 三个类别分别计算其类别中心光谱；其次，对类别中心光谱与类别内的样品光谱进行预处理和特征提取，建立起类别信息、样品信息、光谱和光谱特征信息之间的关联并存入 SDBS 待查。

如前文所述测试样本分为两个独立批次采集，故首先将两组样本分别独立测试，结果见表 4-8 和表 4-9。

表 4-8　基于第一批次样本的 SMA-JSC 算法测试结果

序　号	样品类别	样品个数	分类正确率（%）
1	S1	100	94.00
2	S2	100	85.00
3	S3	100	99.00
4	S4	100	100
平均值		100	94.50

表 4-9　基于第二批次样本的 SMA-JSC 算法测试结果

序　号	样品类别	样品个数	分类正确率（%）
1	S5	100	100
2	S6	100	100
3	S7	100	81.00
平均值		100	93.67

可见，基于 SMA-JSC 的光谱匹配算法对两个批次的苹果样品的分类正确率均较高，对部分样品的分类正确率可达 100%。

进一步分别将两个批次的样品按照 1∶4 的比例随机划分为待测样品集和标准参照样本集，针对标准参照样品集建立标准参照类别中心，并将相应的信息作为标准参照信息入库待查。

针对每个类别随机选出 20 个测试样品，分别采用上文所述的算法预处理光谱，然后基于 SMA-JSC 算法在数据库中进行检索分析，样品分类的外部验证测试结果见表 4-10 和表 4-11。可见，外部验证结果依旧保持较高的准确率，基于 SMA-JSC 算法对两个批次的苹果样品分类识别准确率高、稳定性好。

表 4-10　基于 SMA-JSC 算法对 S1～S4 四类样品分类的外部验证测试结果

序　号	样品类别	样品个数	SMA-JSC 分类正确率（%）	
			校正结果	验证结果
1	S1	100	94.00	95.00
2	S2	100	85.00	85.00
3	S3	100	99.00	100
4	S4	100	100	100
平均值		100	94.50	95.00

表 4-11　基于 SMA-JSC 算法对 S5~S7 三类样品分类的外部验证测试结果

序　号	样品类别	样品个数	SMA-JSC 分类正确率（%）	
			校正结果	验证结果
1	S5	100	100	100
2	S6	100	100	100
3	S7	100	81.00	80.00
平均值		100	93.67	93.33

　　进一步将两个批次的样品合并为统一批次，即在 S1~S7 范围内对样品进行分类测试。依旧将样品集按照 1∶4 的比例随机划分为待测样品集和标准参照样本集，针对标准参照样品集建立标准参照类别中心，并将相应的信息作为标准参照信息入库待查。

　　针对每个类别随机选出 20 个测试样品，分别采用上文所述的算法预处理光谱，然后基于 SMA-JSC 算法在数据库中进行检索分析，样品分类的外部验证测试结果见表 4-12。可见，合并两个批次样品之后的测试准确率依旧高达 94.29%，这表明基于 SMA-JSC 算法对苹果样品进行分类识别时，分类准确率未因样品集的扩大而明显降低。

表 4-12　基于 SMA-JSC 算法对 S1~S7 三类样品分类的外部验证测试结果

序　号	样品类别	样品个数	SMA-JSC 分类正确率（%）	
			校正结果	验证结果
1	S1	100	94.00	95.00
2	S2	100	85.00	85.00
3	S3	100	99.00	100
4	S4	100	100	100
5	S5	100	100	100
6	S6	100	100	100
7	S7	100	81.00	80.00
平均值		100	94.14	94.29

　　综上可见，与传统的判别分析法相比较而言，基于 SMA-JSC 算法对多个品种、多个产地和不同批次的苹果样品的分类识别正确率更高；更为重要的是随着样品规模的增大，传统的判别分析法分析精度快速降低，算法逐渐失效，而基于 SMA-JSC 的算法对样品的分类精度不受样品规模的影响，始终保持较高的正确率水平。正因如此，基于 SMA-JSC 的样品分类方法能够准确地将待测样品进行归类识别，对降低光谱数据库查询工作量具有重大意义；其较高的外部验证精度也表明了基于 SMA-JSC 算法实现样品相关属性的快速分析具有较高的可行性，可进一步将该算法与局部建模算法相结合，提高建模样品与待测样品的关联度，提高分析精度，为确保大规模 SDBS 的运行提供有力保障。

4.4.5　SMA-JSC 算法与常用 SMA-FS 算法的比较

　　本书提出的 SMA-JSC 算法只是全光谱匹配算法中的一种，基于其他 SMA-FS 算法对样品分类识别的效果尚有待检验。因此，同样以基于 NIR 光谱实现苹果分类案例，逐一测试常用全光谱匹配算法，包括广义绝对差异法（AD）、总体平方差法（SSD）、相关系数法（CC）、光谱夹角法（SA）和欧几里得距离法（ED）等。

仍然将 S1~S4 和 S5~S7 两个批次的样品分别独立用于算法性能测试。针对第一批次样品集 S1~S4 四个类别两种算法的对比见表 4-13，针对第二批次样品集 S5~S7 三个类别两种算法的对比见表 4-14。

表 4-13 SMA-JSC 算法与常用 SMA-FS 算法的对比（第一批次测试光谱）

序号	样品类别	分类正确率（%）					
		AD	SSD	CC	SA	ED	SMA-JSC
1	S1	60.00	63.00	84.00	81.00	69.00	94.00
2	S2	55.00	56.00	58.00	60.00	71.00	85.00
3	S3	69.00	67.00	22.00	22.00	73.00	99.00
4	S4	78.00	78.00	95.00	88.00	79.00	100.00
平均值		65.50	66.00	64.75	62.75	73.00	94.50

表 4-14 SMA-JSC 算法与常用 SMA-FS 算法的对比（第二批次测试光谱）

序号	样品类别	分类正确率（%）					
		AD	SSD	CC	SA	ED	SMA-JSC
1	S5	85.00	78.00	100	99.00	98.00	100
2	S6	78.00	71.00	84.00	70.00	80.00	100
3	S7	77.00	62.00	80.00	75.00	80.00	81.00
平均值		80.00	70.33	88.00	81.33	86.00	93.67

由表 4-13 和表 4-14 可见，在五种传统 SMA-FS 算法中，对第一批次的 S1~S4 四个类别样品的分类正确率最高的为 ED 算法，对第二批次的 S5~S7 三个类别样品的分类正确率最高的为 CC 算法，对两个批次的样品平均分类正确率最高的为 ED 算法（平均分类正确率为78.57%），相较于 SMA-JSC 算法的分类正确率低了 15.57%，性能差距十分显著。继而将两个批次的样本合并，形成统一的样品集合，在此范围内进一步测试五类传统 SMA-FS 算法对它们的分类识别情况，并与 SMA-JSC 算法进行比对，结果见表 4-15。

表 4-15 SMA-JSC 算法与常用 SMA-FS 算法的对比（合并两个批次测试光谱）

序号	样品类别	分类正确率（%）					
		AD	SSD	CC	SA	ED	SMA-JSC
1	S1	62.00	66.00	85.00	85.00	69.00	94.00
2	S2	50.00	57.00	57.00	56.00	51.00	85.00
3	S3	67.00	71.00	5.00	22.00	53.00	99.00
4	S4	78.00	79.00	91.00	88.00	79.00	100
5	S5	85.00	78.00	100	99.00	98.00	100

（续）

序号	样品类别	分类正确率（%）					
		AD	SSD	CC	SA	ED	SMA-JSC
6	S6	70.00	54.00	84.00	70.00	78.00	100
7	S7	77.00	62.00	80.00	75.00	80.00	81.00
平均值		69.86	66.71	71.71	70.71	72.57	94.14

可见，对于两个批次混编的样品集分类正确率最高的 SMA-FS 算法为 ED 算法，这与分批次测试结果基本相符。值得指出的是，随着样品集的扩大，大部分 SMA-FS 算法对样品分类正确率有所降低，具体情况见表 4-16。

表 4-16　SMA-JSC 算法与常用 SMA-FS 算法的对比（样品集扩大）

序号	样品类别	分类正确率（%）					
		AD	SSD	CC	SA	ED	SMA-JSC
1	S1~S4	65.50	66.00	64.75	62.75	73.00	94.50
2	S5~S7	80.00	70.33	88.00	81.33	86.00	93.67
3	S1~S4 与 S5~S7 平均	71.17	67.86	74.71	70.71	78.57	94.14
4	S1~S7	69.86	66.71	71.71	70.71	72.57	94.14

根据表 4-16 可见，SMA-FS 算法中（AD）算法、（SSD）算法、（CC）算法和（ED）算法与 DA 算法分类效果的缺点相似。而 SA 算法和 SMA-JSC 算法对样品分类正确率几乎不受样品集规模的影响，更适于样品集规模庞大的应用场景。在这两种算法之间，SMA-JSC 算法的分类正确率高了 23.4%。

综上所述，本书提出的 SMA-JSC 算法在基于样品 NIR 光谱实现样品分类识别方面的性能远优于传统 SMA-FS 算法。分析其原因主要如下。

1）传统 SMA-FS 算法均直接基于样品光谱的强度（光谱反射比或吸光度或能量值）计算不同光谱之间的距离或相似度，这导致光谱中包含的噪声信息也参与了光谱间距离或相似度的计算。众所周知，光谱采集过程中无可避免会受到环境、仪器和人员操作等多方面因素的影响，从而导致非样本本质信号混入采集的光谱信号。若不加区分基于原始吸光度或光谱反射比计算光谱匹配度或相似度，必然受到噪声的干扰。

2）对于类似于苹果样本这样的固态实体样品而言，其物质成分的含量分布并不均匀，在部分区域可能还存在较大差异，而根据朗伯比尔定律这种成分浓度的差异将最终体现在样品光谱上，因此从同一样本的不同部位（光谱采集点）采集的光谱之间也可能存在较大差异。因此，直接基于光谱强度（光谱反射比或吸光度或能量值）计算光谱之间的距离或相似度往往导致错误的匹配结果。

3）正是由于 SMA-JSC 基于二值化的一阶导数计算不同光谱之间的距离或相似度，通过对干扰因素或次要信息的模糊化处理，既能够在很大程度上避免噪声和成分浓度分布不均匀导致的错误匹配问题，又能在一定程度上降低样品成分浓度的影响，尤其适用于像苹果样品之类的固态实体样品，从而提高了对样品的分类正确率。

4.4.6 基于 SMA-JSC 算法检索分析特定样品的原理

本节将探索基于 SMA-JSC 算法，通过待测样品与参照样品的匹配，实现待测样品的快速检测。

当使用 SMA-JSC 算法计算光谱相似度时，若相似度为 1 则光谱完全匹配，若匹配度为 0 则光谱完全不匹配，任意两条光谱之间的匹配度在区间 [0,1]。在前文中已经证实 SMA-JSC 算法性能不受样品集规模的影响，因此这里直接将两个批次的样品合并为一个批次进行测试。

测试时，每次从 S1~S7 的每个类别中分别抽取五个样品，按照编号从小到大的顺序依次进行，直至所有样品均参与一遍测试为止。首先，逐个将待测样品与 SDBS 中的七个类别中心进行比较，按照最高匹配度依次将待测样品归类到相应类别中；其次，在类别内部范围内，依次将待测样品光谱与参照样品光谱进行匹配，再将待测样品与匹配度最高的参照样品相关联。由于测试结果过多，无法在文中逐一展示，这里仅展示第一次抽样测试结果，见表 4-17。完整的测试数据见附表"基于 SMA-JSC 算法检索分析特定样品测试结果"。

表 4-17   基于 SMA-JSC 算法检索分析特定样品第一次抽样测试结果

样品类别	样品编号	最大匹配		次大匹配	
		编号	匹配度	编号	匹配度
S1	S1-001	S1-001	1	S1-002	0.77
	S1-002	S1-002	1	S1-003	0.79
	S1-003	S1-003	1	S1-008	0.79
	S1-004	S1-004	1	S1-010	0.79
	S1-005	S1-005	1	S1-006	0.78
S2	S2-001	误分类	0.81	误分类	0.80
	S2-002	S2-002	1	S2-011	0.81
	S2-003	S2-003	1	S2-014	0.80
	S2-004	S2-004	1	S2-010	0.77
	S2-005	S2-005	1	S2-006	0.79
S3	S3-001	S3-001	1	S3-002	0.81
	S3-002	S3-002	1	S3-001	0.81
	S3-003	误分类	0.76	误分类	0.73
	S3-004	S3-004	1	S3-019	0.80
	S3-005	S3-005	1	S3-010	0.81
S4	S4-001	S4-001	1	S4-017	0.79
	S4-002	S4-002	1	S4-006	0.81
	S4-003	S4-003	1	S4-011	0.82
	S4-004	S4-004	1	S4-007	0.80
	S4-005	S4-005	1	S4-009	0.80

（续）

样品类别	样品编号	最大匹配		次大匹配	
		编号	匹配度	编号	匹配度
S5	S5-001	S5-001	1	S5-020	0.83
	S5-002	S5-002	1	S5-013	0.85
	S5-003	S5-003	1	S5-014	0.82
	S5-004	S5-004	1	S5-029	0.84
	S5-005	S5-005	1	S5-016	0.85
S6	S6-001	S6-001	1	S6-015	0.83
	S6-002	S6-002	1	S6-017	0.81
	S6-003	S6-003	1	S6-006	0.84
	S6-004	S6-004	1	S6-008	0.85
	S6-005	S6-005	1	S6-029	0.84
S7	S7-001	S7-001	1	S7-004	0.82
	S7-002	S7-002	1	S7-003	0.84
	S7-003	S7-003	1	S7-008	0.81
	S7-004	S7-004	1	S7-011	0.85
	S7-005	S7-005	1	S7-015	0.83

表 4-17 所示的测试结果表明：使用 SMA-JSC 算法计算光谱匹配度时，任意光谱与其自身的匹配度始终为 1，满足前文所述的自身完全匹配原则；在表 4-17 所展示的范围内，各样本除与自身的匹配度为 1 外，与其他样本的匹配度均小于 1，且匹配度差距较大，不同样本之间的界线较大，确保了正确分类。

4.4.7　分辨率对 SMA-JSC 算法的影响

如前文所述 SMA-JSC 基于二值化的一阶导数计算不同光谱之间的距离或相似度，将关注点从光谱强度转移到光谱的波形，对干扰因素或次要信息进行模糊化处理，既能够在很大程度上避免噪声和成分浓度分布不均匀导致的错误匹配问题，又能在一定程度上降低样品成分浓度的影响，尤其适用于像苹果样品之类的固态实体样品，从而提高了对样品的分类正确率。

但也正是由于 SMA-JSC 对光谱波形的关注，导致其极有可能对光谱分辨率十分敏感。主要原因在于光谱曲线的波形与光谱分辨率有密切关系。在理想状态下，光谱曲线的分辨越高数据点越密集，光谱越细腻信息含量越丰富，也有利于分析。但在实际情况中，由于受到多种噪声的干扰通常导致在部分波段产生高频波动，进而使得光谱波形变得复杂，必然对 SMA-JSC 算法产生较大影响。因此，研究不同水平分辨率下 SMA-JSC 的算法性能十分必要。

试验在 $2 \sim 128 \mathrm{cm}^{-1}$ 范围内逐级设计了七个分辨率水平。在高分辨率方向上，由于受高频噪声影响越来越严重，因此很少使用比 $2 \mathrm{cm}^{-1}$ 更高的分辨率进行分析。在低分辨率方向上，分辨率越高信息丢失越严重，当分辨率为 $128 \mathrm{cm}^{-1}$ 时光谱曲线已经变形严重，且数据点已十分稀疏，因此没有设计更低的分辨率水平。

测试直接基于 S1~S4 与 S5~S7 两个批次的合并样品集上进行，结果见表 4-18。

表 4-18　光谱分辨率对 SMA-JSC 算法性能的影响

样品类别	分类正确率（%）						
	$2cm^{-1}$	$4cm^{-1}$	$8cm^{-1}$	$16cm^{-1}$	$32cm^{-1}$	$64cm^{-1}$	$128cm^{-1}$
S1	92.00	92.00	94.00	92.00	91.00	93.00	90.00
S2	85.00	85.00	85.00	90.00	89.00	73.00	54.00
S3	99.00	99.00	99.00	92.00	82.00	77.00	57.00
S4	100	100	100	99.00	96.00	90.00	90.00
S5	100	100	100	100	100	100	100
S6	100	100	100	100	100	98.00	90.00
S7	81.00	82.00	81.00	83.00	82.00	81.00	55.00
平均值	93.86	94.00	94.14	93.71	91.43	87.43	76.57

由表 4-18 可见，SMA-JSC 算法对样品的分类正确率以 $8cm^{-1}$ 分辨率为分界，向更高或更低分辨率方向延伸时，分类正确率均呈现下降趋势，许多已经公开发表的研究报道也证明 $8cm^{-1}$ 为多数应用场景的最佳分辨率。

为进一步说明随着分辨率降低导致 SMA-JSC 算法分类正确率下降的原因，后续均以 S3-20 号样本（在 $8cm^{-1}$ 分辨率水平下正确分类，在 $64cm^{-1}$ 分辨率水平下误分类）在不同分辨率水平下表现出的光谱特征为例进行阐述，同样由于全波段光谱包含的数据点太多，无法展示不同分辨率水平下光谱曲线的细节变化，在后续研究中也仅选取部分代表性波段进行展示。

S3-20 号样本在 $8cm^{-1}$ 分辨率水平线下和 $7910~8010cm^{-1}$ 波段内的原始光谱曲线如图 4-6 所示。可见，光谱曲线出现多拐点，波形较为复杂。

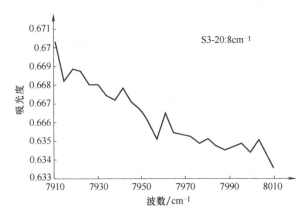

图 4-6　S3-20 号样品的原始光谱曲线（分辨率：$8cm^{-1}$。波段：$7910~8010cm^{-1}$）

同样在 $7910~8010cm^{-1}$ 的波段内，S3-20 号样本在 $64cm^{-1}$ 分辨率水平线下的原始光谱曲线如图 4-7 所示。可见，光谱曲线由包含多个拐点的复杂波形变得光滑了许多，不再包含任何拐点。

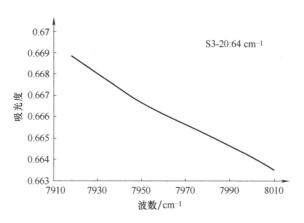

图 4-7　S3-20 号样品的原始光谱曲线（分辨率：64cm^{-1}。波段：7910~8010cm^{-1}）

原始光谱曲线的变化必然导致一阶导数光谱跟着变化。S3-20 号样本光谱在 8cm^{-1} 和 64cm^{-1} 分辨率下，7910~8010cm^{-1} 波段内，经过二值化变换后的一阶导数光谱曲线如图 4-8 和图 4-9所示。首先，从光谱数据点的密集性来说，8cm^{-1} 分辨率状态下远比 64cm^{-1} 分辨率状态下的数据点密集程度高；其次，从复杂性上来说，8cm^{-1} 分辨率下的一阶导数光谱复杂度远高于 64cm^{-1} 分辨率下的一阶导数光谱复杂度，在 8cm^{-1} 分辨率下光谱曲线多个 1 值（单调递增区间）与多个 0 值（单调递减区间）交替分布，而在 64cm^{-1} 分辨率下所有值均为 0 值（单调递减区间）。

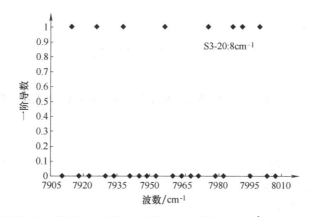

图 4-8　S3-20 号样品的二值化一阶导数光谱曲线（分辨率：8cm^{-1}。波段：7910~8010cm^{-1}）

为了进一步明确 S3-20 号样品被错误分类的原因，需要从该样本与其真实所属的类别 S3 和错误归类的类别 S4 的距离进行分析。

S3 的类别中心光谱分别在 8cm^{-1} 和 64cm^{-1} 分辨率下和 7910~8010cm^{-1} 波段内经过二值化变换后的一阶导数光谱曲线如图 4-10 和图 4-11 所示。按照基于 SMA-JSC 算法的光谱相似度计算方法，S3-20 号样品光谱在 7910~8010cm^{-1} 波段内与 8cm^{-1} 和 64cm^{-1} 分辨率下 S3 的类别中心光谱的匹配度均为 1.0。

S4 的类别中心光谱分别在 8cm^{-1} 和 64cm^{-1} 分辨率下和 7910~8010cm^{-1} 波段内经过二值化变换后的一阶导数光谱曲线如图 4-12 和图 4-13 所示。按照基于 SMA-JSC 算法的光谱相似度计算方法，S3-20 号样品光谱在 7910~8010cm^{-1} 波段内与 8cm^{-1} 和 64cm^{-1} 分辨率下 S4 的类别

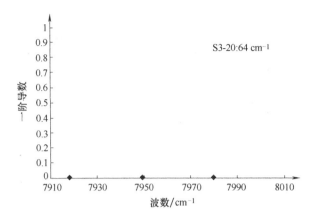

图 4-9　S3-20 号样品的二值化一阶导数光谱曲线（分辨率：64cm^{-1}。波段：7910~8010cm^{-1}）

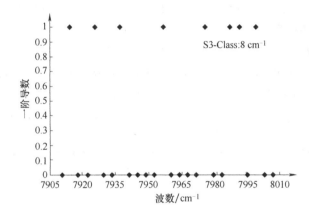

图 4-10　S3 类别中心在 8cm^{-1}分辨率下二值化变换后的一阶导数光谱曲线（7910~8010cm^{-1}）

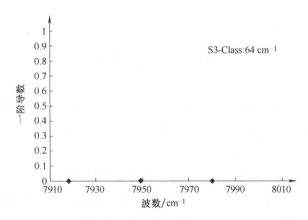

图 4-11　S3 类别中心在 64cm^{-1}分辨率下二值化变换后的一阶导数光谱曲线（7910~8010cm^{-1}）

中心光谱的相似度分别为 14/26 和 3/3。

　　经过以上分析与比对，在 7910~8010cm^{-1}波段内 S3-20 号样本与类别 S3 和 S4 的类别中心在 8cm^{-1}和 64cm^{-1}分辨率下的相似度见表 4-19。

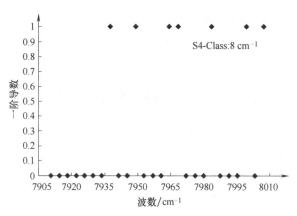

图 4-12　S4 类别中心在 8cm^{-1} 分辨率经二值化变换后的一阶导数光谱曲线（7910~8010cm^{-1}）

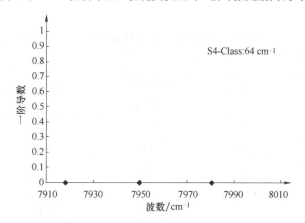

图 4-13　S4 类别中心在 64cm^{-1} 分辨率经二值化变换后的一阶导数光谱曲线（7910~8010cm^{-1}）

表 4-19　根据 SMA-JSC 的定义计算 S3-20 与 S3、S4 类别中心相似度

分　　组	分辨率	按位比对统计（p、q、r、s 的定义见 4.2.5）				相似度
		p	q	r	s	
S3-20 与 S3 的距离	8cm^{-1}	8	18	0	0	1.00
	64cm^{-1}	3	0	0	0	1.00
S3-20 与 S4 的距离	8cm^{-1}	3	0	0	0	1.00
	64cm^{-1}	2	12	8	4	0.54

　　可见，在 8cm^{-1} 的分辨率下，S3-20 号样本与类别 S3 的相似度为 1.00，而 S3-20 号样本与类别 S4 的相似度为 0.54，因此 S3-20 号样本被归类到类别 S3 中，分类结果正确；而在 64cm^{-1} 的分辨率下，S3-20 号样本与类别 S3 的相似度为 1.00，而 S3-20 号样本与类别 S4 的相似度也为 1.00，随着分辨率的降低 S3-020 与 S4 类别中心之间的差异逐渐降低直至消失。这仅仅是 7910~8010cm^{-1} 波段内带来的变化，当在全波段范围内进行匹配度计算时，此类变化最终导致了 S3-20 与 S4 类别中心的相似度超过 S3-20 与 S3 类别中心的相似度，从而导致 S3-20 被错误地分类到类别 S4 中。

　　基于本节的整体分析结果，可见运用 SMA-JSC 算法进行光谱匹配度计算时，光谱分辨

近红外光谱数据库技术及其在农产品检测中的应用

率过低或过高均会导致匹配正确率的降低。根据 SMA-JSC 算法在苹果样本分类识别中的应用实例来看，本书建议在采用 SMA-JSC 算法分析类似样本时，光谱分辨率应保持在 4 ~ 16cm^{-1}之间，推荐最佳分辨率为 8cm^{-1}。

4.4.8 改进 SMA-JSC 算法在苹果分类识别中的应用

在 4.2.5 小节中描述了基于杰卡德相似性系数原理构造的一种全光谱匹配算法 SMA-JSC，由于该算法不考虑光谱在各个波段的单调增减幅度，因此具有一定的模糊特性，在苹果样品分类识别中的应用效果较好。在 4.2.6 小节又提出了一种基于光谱在各个波段的单调增减幅度计算光谱匹配度的方法。在本小节中将着重对比两种算法在样品分类识别中的应用情况。

仍然采用由 S1 ~ S4 和 S5 ~ S7 混编而成的样品进行测试，直接选用分辨率为 8cm^{-1}开展测试，结果见表 4-20。

表 4-20　SMA-JSC 算法改进前、后测试结果对比 （分辨率为 8cm^{-1}）

序号	样品类别	SMA-JSC 算法		改进 SMA-JSC 算法	
		校正结果（%）	验证结果（%）	校正结果（%）	验证结果（%）
1	S1	94.00	95.00	99.00	95.00
2	S2	85.00	85.00	85.00	85.00
3	S3	99.00	100	92.00	85.00
4	S4	100	100	99.00	100
5	S5	100	100	100	100
6	S6	100	100	100	100
7	S7	81.00	80.00	81.00	80.00
平均值		94.14	94.29	93.71	92.14

由表 4-20 可见，改进前后的 SMA-JSC 算法对 S1 ~ S7 七个类别的苹果样品分类正确率较为接近，对两组分类正确率数据做置信度为 95% 的 F 检验，查表得 $F_{1-0.05}$ (6,6) 为 4.28，校正精度 F 值为 1.02，验证精度 F 值为 1.05，两者均小于 4.28，因此改进前与改进后的 SMA-JSC 对 S1 ~ S7 七个类别的苹果样品分类正确率差异不显著。进一步比较了改进前和改进后 SMA-JSC 算法对类别内特定样品的分辨能力，测试在全体样本中展开，然而由于数据较多，这里仅选择少量数据进行展示和分析。在 S1 ~ S7 每个类别中均选取 002 号样品，观察算法改进前后对不同样本的分辨能力（当采用不同的算法区分两个不同样本时，匹配度越小说明算法分辨能力越强），能力对比见表 4-21。

表 4-21　SMA-JSC 改进前后类别内特定样品区分能力对比 （分辨率为 8cm^{-1}）

编号	样品	JSC（匹配度）			改进 JSC（匹配度）		
		最大匹配度	次大匹配度	差值	最大匹配度	次大匹配度	差值
1	S1-002	1	0.81	0.19	1	0.43	0.57
2	S2-002	1	0.83	0.17	1	0.49	0.51
3	S3-002	1	0.82	0.18	1	0.45	0.55

（续）

编号	样品	JSC（匹配度）			改进 JSC（匹配度）		
		最大匹配度	次大匹配度	差值	最大匹配度	次大匹配度	差值
4	S4-002	1	0.81	0.19	1	0.42	0.58
5	S5-002	1	0.87	0.13	1	0.54	0.46
6	S6-002	1	0.86	0.14	1	0.51	0.49
7	S7-002	1	0.86	0.14	1	0.52	0.48
平均匹配度		1	0.84	0.16	1	0.48	0.52

由表 4-21 可见，无论是采用改进前还是改进后的算法，每个样本与参照样本的最高匹配度均为 1（与其自身的匹配度），算法改进前多个样本在分类过程中的次大匹配度均保持在 0.8 以上，以表中数据为例平均最大匹配度与次大匹配度的差值为 0.16，在改进后多个样本在分类过程中的次大匹配度保持在 0.5 左右，以表中数据为例平均最大匹配度与次大匹配度的差值为 0.52。由此可见，经过改进后算法对样品差异的区分能力较改进前显著增强。

4.5 本章小结

本章主要研究了基于全光谱匹配算法分类苹果的可行性，提出了一种基于 JSC 的全光谱匹配算法，对影响算法性能的关键参数（比如光谱分辨率）进行了优选，研究得出的主要结论如下。

1. 既有 SMA-FS 算法在苹果样品分类识别中的应用

分别尝试多种传统 SMA-FS 算法，包括 AD、SSD、CC、SA 和 ED 等在苹果样品分类识别中的应用。在文中所介绍的 S1～S7 的测试范围内，几种传统全光谱匹配算法对样品分类识别的正确率均高于 60%，其中以 ED 算法的分类正确率为最高，SSD 算法的分类正确率最低。由此可见，尽管传统的 SMA-FS 对 S1～S7 七类样品的分类正确率远高于 SMA-P 算法对 S1～S7 的分类正确率，但分类正确率整体仍然处于较低的水平，难以满足实际应用的需求。对传统 SMA-FS 的光谱匹配原理进行分析发现，这些算法均是直接基于光谱曲线的吸光度（光谱反射比或强度值）计算匹配度，容易受到噪声信息或样品成分分布不均等因素的影响，这是导致 SMA-FS 算法分类正确率低的主要原因。

2. 基于杰卡德相似性系数原理的 SMA-FS 算法及其应用

针对上文所指出的常见 SMA-FS 均是直接基于光谱曲线的吸光度（光谱反射比或强度值）计算匹配度，容易受到噪声信息或样品成分分布不均等因素的影响，导致 SMA-FS 算法分类正确率低的问题，本书提出了一种基于杰卡德相似性系数原理的全光谱匹配算法，该算法通过对一阶导数光谱的二值化，对噪声信息进行过滤和对吸光度（光谱反射比或强度值）进行模糊化处理，将关注点从光谱强度转移到光谱波形上来。基于 S1～S7 七类样品的测试结果表明，该算法对几类样品的分类正确率平均可达 94% 以上，较传统 SMA-FS 算法高出 20% 以上，性能提升十分显著。与 DA 算法的性能随着样品规模的增加而降低的特点形成鲜

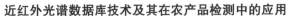

明对比，该算法的性能不受样品规模的影响。

3. SMA-JSC 算法的进一步改进

尽管在 SMA-JSC 算法性能得到提高，但二值化过程也丢失了许多原始光谱中的重要信息，常导致在对光谱细节要求高的应用场合匹配精度不够高。为此，本书提出了对 SMA-JSC 算法进一步的改进，可取消二值化变换环节，而基于原始光谱在各个波段的斜率计算光谱匹配度。如此一来，可基于光谱曲线在各个波段的单调增减幅度计算光谱匹配度。通过上述改进后，SMA-JSC 算法保持了原有的分类识别正确率，同时对样品的区分能力得到了较大提升，有助于应用于对精度要求更高的场合。

综上所述，本书所提出的 SMA-JSC 算法通过光谱信息的模糊化处理，增强了对噪声和样品成分分布不均匀等问题的适应性，在针对苹果样品的分类测试性能提升十分显著，为大规模苹果 NIR-SDBS 的开发和应用提供了重要的技术保障，同时算法也具有向其他类似应用场景推广的潜力。

第 5 章　NIR-SDBS 原型系统开发实例

5.1　概述

按照软件工程方法学的思路，软件系统的开发流程一般主要包括软件定义、需求分析、软件设计（又可进一步细分为总体设计和详细设计两个环节）、编码与测试和软件维护等若干过程。根据前文所述，NIR-SDBS 原型系统的定义已经非常明确，本章不再涉及。此外，软件维护主要是在系统交付用户使用后，根据用户反馈对软件进行改正、升级和适应性修改的行为，在本书中不做介绍。因此，本章主要内容包括 NIR-SDBS 原型系统的需求分析、系统设计、编码和测试 3 部分。

根据软件工程方法学，软件分析与设计方法学可以划分为两大类，分别是传统方法学的结构化分析（Structured Analysis，SA）与结构化设计（Structured Design，SD）和面向对象方法学的面向对象分析（Object Oriented Analysis，OOA）和面向对象设计（Object Oriented Design，OOD）。其中，面向对象方法学的 OOA 和 OOD 思维模式不再像传统方法学一样人为地将数据与对数据的操作分割开来，更加符合人类的思维，因而其分析过程也更容易被理解和接受。基于以上原因，在研究中采用 OOA 和 OOD 的方法分析和设计 NIR-SDBS 原型系统，借助 Rational Rose 软件进行模型表达，采用 Rational Rose 和 Visio 等软件实现相关图表绘制，最后基于软硬件环境实施软件开发过程，在算法部分引用了 OpenCV 的许多功能。

5.2　NIR-SDBS 原型系统分析

系统分析在软件开发过程中占有重要的地位，其直接决定着软件功能是否与实际需求相吻合，另外也是系统设计的重要依据，不仅在软件开发人力、物力和财力投入方面占用大量资源，而且在软件的全生存周期中的时间占比也非常大。通常，系统分析过程从陈述系统的需求开始，系统分析师需要结合领域知识和用户需求，将"用户角度的系统需求"转化为"专业领域的系统需求"，通过不断对"用户的需求"进行去伪存真，修改与完善，透过表象提取本质，抽象出目标系统的本质特征，可概括表述为"理解、表达和验证" 3 项主要任务。

5.2.1　NIR-SDBS 原型系统的需求描述

根据前文所述，本书中对算法测试多基于苹果样品及其 NIR 光谱开展，考虑到算法在此类样品分析中具有一定的通用性，因此后续将以"水果 NIR-SDBS"的分析、设计与开发过程为例，对 NIR-SDBS 原型系统进行描述。对水果 NIR-SDBS 原型系统的业务逻辑进一步抽象后可将其业务逻辑表示如图 5-1 所示。

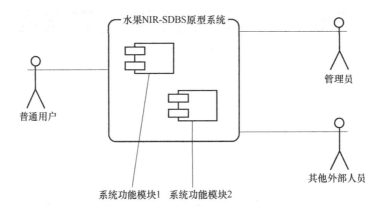

图 5-1　水果 NIR-SDBS 原型系统业务逻辑

由业务逻辑可见，系统用户主要涉及管理员、普通用户和其他外部人员 3 类，可以根据用户类型的不同归纳他们对系统功能的需求，还可以进一步根据每类用户对系统需求所涉及的方面（比如，数据需求、性能需求、操作需求等）进行细分。按照以上原则，水果 NIR-SDBS 原型系统需求分析见表 5-1。

表 5-1　水果 NIR-SDBS 原型系统需求分析

序号	功能名称	用户类别	需 求 描 述
1	用户注册	游客	1）系统显示用户注册界面 2）在用户注册界面输入注册信息 3）注册模块验证注册信息的完整性和可用性进行检测 4）对不合格注册信息反馈原因，将合格注册信息写入用户信息表，发送信息或邮件提示注册成功
2	用户登录	全体用户	1）系统显示用户登录界面 2）登录界面接受用户输入登录信息 3）系统对登录信息进行核对 4）对正确的用户信息，系统进入相应的功能权限界面 5）对错误的用户信息，提示用户检查登录信息 6）对连续多次输入错误的用户信息，进行用户锁定
3	用户注册信息维护	全体用户	1）系统显示用户注册信息管理界面 2）修改信息前要求用户再次提供身份验证信息 3）允许通过再次验证的用户修改注册信息 4）禁止未通过再次验证的用户修改注册信息 5）管理界面接受用户合法提交的新信息 6）系统向数据库写入更新后的数据

（续）

序号	功能名称	用户类别	需 求 描 述
4	用户信息维护与管理	管理员	1）系统显示用户信息维护与管理界面 2）管理员提供身份验证信息 3）管理员管理注册用户信息
5	光谱数据库维护	管理员	1）系统显示光谱数据库维护界面 2）管理员提供身份验证信息 3）管理员管理基础信息。比如，仪器、环境、参数等 4）管理员逐条添加样品信息。选择相应类别，设置相应参数，填写样品基本信息，上传样品原始光谱文件（.csv 或 .xlsx 格式），提交并上传信息；系统对光谱进行预处理，提取光谱特征，保存相应样品信息并建立样品与类别之间的联系 5）管理员批量添加样品信息。用户上传样品基本信息表，上传样品原始光谱文件（.csv 或 .xlsx 格式），选择相应类别，设置相应参数后提交上传信息；系统逐条对光谱进行预处理，提取光谱特征，保存相应样品信息并建立样品与类别之间的联系 6）管理员批量添加样品信息。用户设置相应参数，上传样品基本信息表，上传样品原始光谱文件（.csv 或 .xlsx 格式），提交并上传信息；用户选择新建类别，设置相应类别基本信息确定并提交，系统按照设定参数完成类别中心构建，对类别进行层次划分等；系统逐条对光谱进行预处理，提取光谱特征，保存相应样品信息并建立样品与类别之间的联系 7）审核用户上传的样品及光谱信息
6	光谱数据上传	普通用户	1）系统显示光谱信息上传界面 2）用户设置相应参数信息 3）用户上传样品及光谱文件 4）系统将数据暂存，等待管理员审核后加入数据库
7	常规关键词查询	全体用户	1）系统显示常规关键词检索界面 2）用户选择关键词类型，对查询范围进行设置 3）系统按照用户设置在数据库中进行匹配与检索 4）系统显示检索结果 5）用户下载检索结果
8	单条光谱曲线查询	全体用户	1）系统显示单光谱匹配查询界面 2）用户上传光谱文件，对查询范围进行设定（可选操作），选择分析模式或方法。比如，分类检测、成分定量检测，直接关联和参照标准样品或建模，局部建模选择样品规模，建模算法等 3）系统按照相应光谱匹配规则及方法在数据库中进行检索 4）系统根据用户对分析模式及参数设置进行样品分析，系统显示分析结果 5）用户下载分析报告

（续）

序号	功能名称	用户类别	需求描述
9	批量光谱曲线查询	全体用户	1）系统显示单光谱匹配查询界面 2）用户批量上传光谱文件，对查询范围进行设定（可选操作），选择分析模式或方法。比如，分类检测、成分定量检测，直接关联和参照标准样品或建模，局部建模选择样品规模，建模算法等 3）系统按照相应光谱匹配规则及方法，在数据库中对上传的光谱进行逐条检索与分析 4）系统根据用户对分析模式及参数设置进行样品分析，系统显示分析结果 5）用户下载分析报告

需求分析作为软件开发流程的中间过程，其对后续的设计环节具有重要的指导作用，部分设计要素甚至直接由分析阶段的结果进行形式变换得出。因此，在需求分析阶段编制的需求规格说明书，是软件系统开发过程中最为重要的文档资料之一。

根据面向对象方法学原理，针对软件系统进行面向对象建模时，建模结果可用3类模型或3个要素表示，分别为对象模型（对象与对象间的静态关系）、动态模型（对象与对象间的交互次序）和功能模型（数据变换）。对于任何一个实际问题，首先都需要从现实世界中的客观实体凝练出抽象世界中的实体，从客观实体与实体之间的联系凝练出抽象世界中的实体与实体的关系，即形成对象模型；其次，针对对象与对象间的交互以及时序表述则由动态模型完成；最后，针对系统中涉及的复杂运算、系统整体的工作原理以及系统针对特定场合的应用场景描述则由功能模型完成。

5.2.2 水果 NIR-SDBS 原型系统的主要用例

以用户角色为依据，水果 NIR-SDBS 原型系统的主要用例如图 5-2 所示。

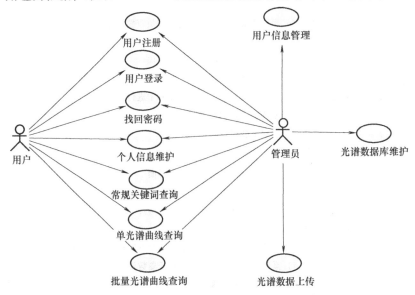

图 5-2 水果 NIR-SDBS 原型系统的主要用例

按照日常使用习惯，又可以将用户个人信息维护分解为修改密码和注册信息的修改与维护，管理员角色的用户对普通用户角色的信息管理也可进一步细分为管理和分配用户权限、清退非法用户等。因此，可以对以上两个用例进一步分解和细化，如图 5-3 和图 5-4 所示。

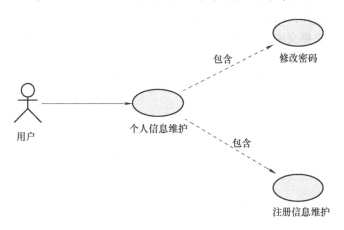

图 5-3　普通用户维护个人信息用例

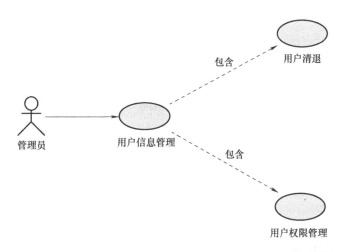

图 5-4　管理员管理用户信息用例

5.2.3　动态模型（场景时序图）

软件中各项功能顺序是根据实际工作场景抽象而来，不仅仅包含各项功能，各项功能之间的先后时序关系同样重要。为了表达此类信息，常使用场景时序图对系统功能、功能之间的交互时序和过程进一步详细模拟与展示。

1. 用户注册场景时序

根据用户需求以及参照常用软件系统的用户注册模块设计可知，该模块在实际应用中主要有以下 5 个子场景，分别为用户名不可用、用户资料不完整、密码不可用或两次密码不一致、安全信息不完整和注册成功。其中，以注册成功场景涉及功能最为全面、流程最长，此处仅对该子场景进行详细描述。

1）用户填写注册资料并提交注册申请。

2）系统检测用户资料的可用性，具体包括检查用户名是否可用、是否缺少必填信息、登录密码设置是否正确、密码安全性是否符合要求等。

3）用户填写密码保护信息并提交系统。

4）系统检查用户提交密码保护信息是否完整，通过检测后完成用户注册，否则提示重新设置。

将上述工作流程抽象为软件中各个功能模块以及它们之间的交互时序，如图5-5所示。

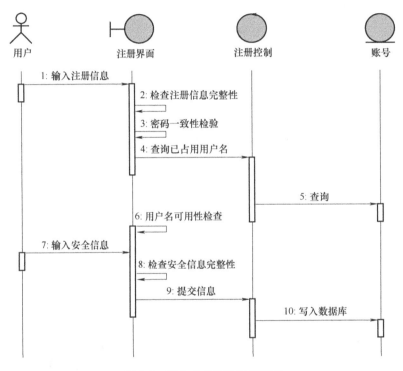

图5-5　用户成功注册用例时序

2. 用户登录场景时序

在实际应用中，用户登录模块主要应用场景包含3种情况，即通过验证、成功登录，用户名缺失或错误、无法登录和密码错误、无法登录。其中，以正确登录子场景流程最为全面，此处仅对该子场景进行详细描述。

1）用户输入用户名和密码，并提交登录请求。

2）系统检验用户名是否存在，若不存在则返回错误提示；若用户名存在，则进一步核对用户密码是否正确；若密码错误则提示重新输入密码，正确则跳转至系统主界面。

将上述工作流程抽象为软件中各个功能模块以及它们之间的交互时序，如图5-6所示。

3. 用户注册信息管理

在实际应用中，用户注册信息管理模块主要应用场景包含4种情况，分别是验证资料不完整、未通过身份认证、修改后基本信息缺失和成功修改资料。其中，成功修改资料场景为该模块的主要场景，对该场景中所涉及的功能模块以及它们之间的时序关系描述如下。

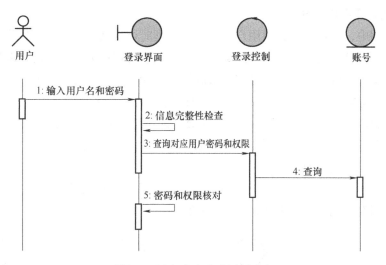

图 5-6　用户成功登录用例时序

1）用户输入身份验证信息。

2）系统分别检查身份信息和验证信息，通过验证后进入信息维护界面。

3）在信息维护界面上完成信息更新。

4）系统检查信息维护界面上的信息完整性，通过检测后存入数据库。

借助时序图对该用例进行表述，如图 5-7 所示。

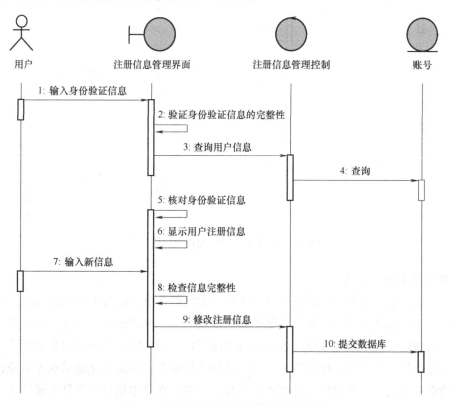

图 5-7　用户成功修改注册资料用例时序

4. 管理员管理用户信息

在实际应用中，管理员对普通用户信息实施管理时可以划分为 4 个主要应用子场景，分别是管理员身份信息不完整、管理员提交的密码错误、管理员为用户分配或调整权限和非法用户清退。其中，以管理员给用户分配权限的场景最为复杂，此处仅对该子场景展开描述。

1）管理员输入身份信息，待通过系统检测后进入用户管理界面。

2）在执行修改命令前，管理员需再次提交验证信息，防止用户信息遭到非法篡改。当通过再次身份验证后，再次进行用户管理界面。

3）管理员检索目标用户信息。

4）管理员选定目标用户（可单个、可批量），对目标用户赋予新权限。

借助时序图对该用例进行表述，如图 5-8 所示。

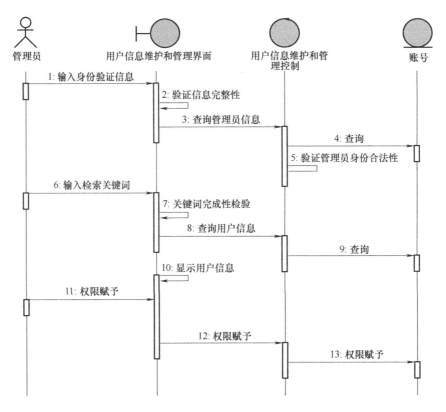

图 5-8　管理员成功修改用户权限时序

5. 参照样品信息上传

参照样品信息质量数规模是保障 NIR-SDBS 功能和应用范围的重要基础数据。因此，参照样品信息上传模块是该系统最为重要的功能模块之一。其功能较为复杂，大致按照从简单到复杂、从短流程到长流程或全流程模式可将该模块对应的应用子场景划分为用户身份验证失败、禁止上传参照样品；样品文件缺失；光谱文件缺失；样品与光谱信息不对应；基本信息设置错误；正确上传参照样品及其光谱信息。其中，在基本信息设置环节还涉及一个复杂的场景，即选择已有类别中心或新建类别中心。当选择新建类别中心时，将会涉及新建类别中心模块对应的多种场景。在这些场景中，以上传样品信息和光谱数据并新建类别中心的场景最为复杂，可将该场景进一步细分为以下步骤。

1）管理员提交身份验证信息，并通过身份验证。

2）管理员打开光谱文件夹，完成光谱文件读取。

3）管理员选取样品信息文件，读入样品信息。

4）系统对样品与光谱信息进行吻合度检测。

5）系统显示光谱预处理、特征提取等参数设置界面，系统提供默认处理方法及参数设置，用户可根据实际需求自行设定参数，但推荐使用系统建议参数和方法。

6）管理员设置光谱或样品的属性参数。比如，采集光谱时使用的光谱仪、光谱仪的参数设置、样品基本信息和样品预处理方法等。

7）提交新建类别中心请求。

8）提交长传数据请求。

借助时序图对该用例进行表述，如图 5-9 所示。

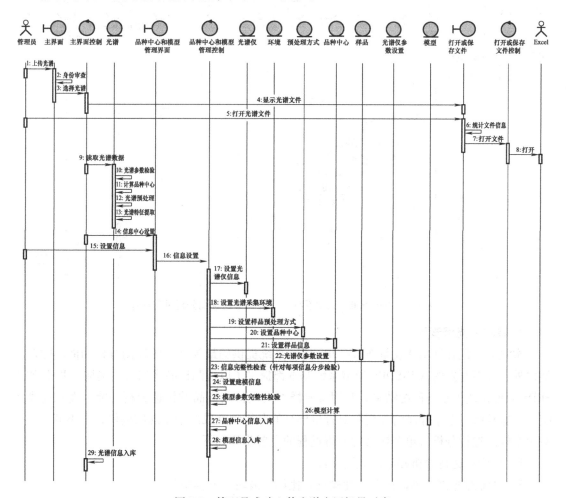

图 5-9　管理员成功上传光谱应用场景时序

6. NIR-SDBS 原型系统的常规查询

常规查询是 NIR-SDBS 原型系统主要应用场景之一，为用户提供最为基础的标准参照样品信息查询功能。所谓常规查询主要指检索关键词类型为常见的字符型或数字型关键词。比如，按样品名称、按波段范围查询。根据水果 NIR-SDBS 原型系统的定义，结合常规关键词查询时系统工作一般流程，可将应用场景分解为以下步骤。

1）用户选择查询关键词类型，输入关键词。

2）系统对关键词合法性进行检查。

3）按照关键词检索数据库，并返回检索结果。

4）用户挑选感兴趣的数据记录。

5）系统显示与被选中记录对应的详细信息。比如，样品信息、光谱及其特征信息。

6）用户请求下载查询分析报告，系统输出查询分析报告。

具体过程时序如图 5-10 所示。

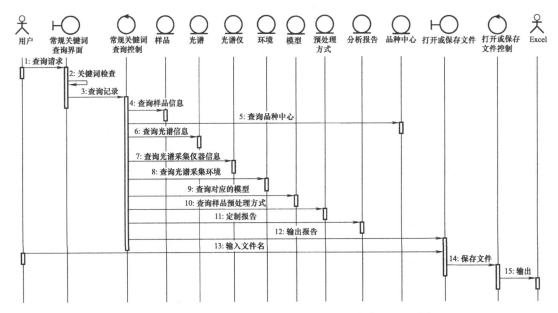

图 5-10　NIR-SDBS 原型系统的常规关键词查询分析过程时序

7. 单样品光谱查询

常规关键词查询功能仅是 NIR-SDBS 原型系统提供的最为基础的辅助分析功能。除此功能之外，最新开发的 NIR-SDBS 原型系统基本都提供了以待测样品光谱为关键词，基于 NIR-SBDS 原型系统检索与匹配结果，利用参照样本实现待测样品的快速分析功能。而在此类系统中，通常将对单个样品的分析和对批量样品的分析独立成两个不同的模块，本小节主要针对单个样品进行分析。单个样品的分析过程的主要步骤如下。

1）用户选择待分析样品的光谱文件。

2）系统对光谱数据进行合规性检查。比如，波段、分辨率等。

3）用户设置光谱预处理方法选项（可选操作），当用户未做任何设置时，系统采用默认方法处理，当用户设置了处理方式时，按用户指定方式处理。

4）用户设置检索算法和参数。比如，样品集种类、品种、产地等（可选操作），当用户设置了范围时，只在用户指定的范围内检索，当用户未做任何设置时，在整个数据库范围内检索。

5）用户设置分析方法并设置相关参数，系统提供基于查询结果的局部建模分析方法以及直接参照样品的直接分析方法。

6）系统进行多层次比较、归类与检索。光谱检索与分析过程可以分为两个大阶段，即分类阶段和确定参照样品阶段。在分类阶段，系统将按照层次级别依次将样品光谱与类别中心光谱进行比较，对样品进行多层次分类；分类结束后在类别内部对全体样本进行匹配度计算，选择适量参照样本参与分析。

7）系统返回分析结果。

8）用户查看或下载分析报告。

多个环节和任务之间的具体时序关系如图 5-11 所示。

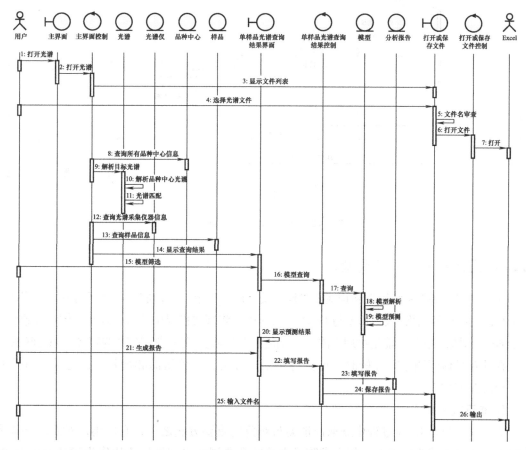

图 5-11　NIR-SDBS 原型系统单样品光谱查询操作时序

8. 批量样品光谱查询

NIR-SBDS 原型系统对批量样品光谱查询的分析过程与对单个样品光谱查询过程基本相似，不再赘述。

多个环节和任务之间的具体时序关系如图 5-12 所示。

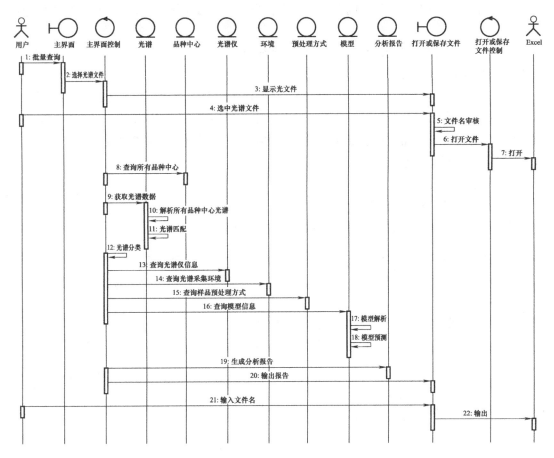

图 5-12　批量样品光谱查询时序

5.2.4　静态模型（对象模型）

对象模型是基于系统用例和构成要素动态交互的基础上，对构成要素之间的逻辑与层次关系进行详细设计的结果。在 OOA 与 OOD 方法学中，将现实世界中涉及的客观实体均抽象为系统中的类与对象，它们可能是物理实体，也可能是抽象概念，还可能是实体与实体之间的联系。

在针对具体问题进行分析时，可分为非正式分析、对象精简和增补、确定关联 3 个环节，分别介绍如下。

1. 非正式分析

非正式分析是 OOA 过程中获取候选类与对象的重要方法之一，它以用户对系统功能需求的自然语言陈述为出发点，把需求陈述中的所有名词或名词性短语均作为候选类或对象，把需求陈述中的形容词作为确定类与对象属性的线索，把需求陈述中的动词作为功能模块、函数或服务（操作）的候选者。

根据以上规则，结合 NIR-SDBS 原型系统的需求陈述（表 5-1）进行对象初选，结果见表 5-2。

表 5-2 NIR-SDBS 原型系统对象初选结果

对 象 编 号	对 象 名 称	相 关 对 象
1	用户	3、4、5、6
2	管理员	1、3、4、5、6
3	密码	1、2
4	用户名	1、2
5	安全问题	1、2
6	注册信息	1、2
7	样品	8、9、10
8	样品分类	7、9、10
9	类别中心	7、8、10
10	光谱	7、8、9、11、12、13、14、15、16、17、18、19、20、21、22、25、26、27
11	光谱坐标	11、12、13、14、15、16、17、18、19、20、21、22
12	屏幕坐标	11
13	光谱记录	11
14	一阶导数	11、12、13
15	特征峰	11
16	特征峰信息	15、17、18、19、20、21、22
17	光谱参数	15、16
18	特征峰位	15、16
19	特征峰高	15、16
20	特征峰宽	15、16
21	特征峰面积	15、16
22	特征峰形指数	15、16
23	信息	10、16
24	属性信息	23
25	模型	7、10
26	适用模型	7、10、25
27	模型记录	7、10、25、26
28	距离	7、8、9、10
29	光谱匹配算法	28
30	关键词	7、10
31	常规关键词	7、10、30
32	更新语句	7、10、30、31
33	查询语句	7、10、30、31、32
34	查询结果	7、10、30、31、32、33
35	记录	1、2、7、10、25
36	数据库	
37	数据	

2. 对象精简和增补

通常，基于名词法直接由需求陈述选取的类或对象与系统中实际包含的类与对象存在一定出入。比如，NIR-SDBS 原型系统服务范围较广，无法将光谱采集条件限制在固定的类别、特定的光谱仪、特定的参数、特定的环境或完全一致的预处理方法的范围内。因此，NIR-SDBS 原型系统必须能够记录相应的信息。尽管在本书的测试实例中作者给出了标准的光谱仪、波段范围、仪器参数、环境参数、样品规格和样品预处理方法等规范，但考虑到NIR-SDBS 原型系统的拓展性，在进行 NIR-SDBS 原型系统开发时仍将光谱仪、参数设置、环境参数、样品预处理方法等因素作为独立对象对待。因此，需要在表 5-2 的基础上新增以上几个类，对其他新增类的分析过程这里不再一一赘述。

另一方面，直接通过名词法获取的候选类极有可能需要精简。比如，管理员和用户两个类之间存在内在联系，管理员和普通用户都是系统用户，只是角色不同、权限不同，因此可以删除管理员类，在用户类中新增权限字段；而表 5-2 中的密码、用户名、安全问题和注册信息等候选类则是用户类的具体属性，因此亦将需要将这些候选类剔除。依此类推，对表 5-2 中的候选类进一步精简与增补后得到的对象集合见表 5-3。

表 5-3　精简与增补后 NIR-SDBS 原型系统对象集合

对 象 编 号	对 象 名 称	相 关 对 象
1	用户	2、3、4、5、6、7、8、9、10、11
2	样品	3、4、5、7、8、9、11
3	类别	2、4、5
4	品种	2、3、5
5	产地	2、3、4
6	环境参数	10
7	预处理方法	2
8	类别中心	2、3、4、5、9
9	光谱	2、6、7、8、9、10、11
10	光谱参数	9
11	模型	2、3、4、5、9

3. 确定关联

通常，使用动词法对类与类之间的关联进行初选，再基于初选结果进行精简和增补。与类与对象的确定过程类似，首先基于用户的需求陈述初步确定关联，在用户需求陈述中寻找描述性动词或具有动作含义的词组，形成初始关联集合；另外，也可以通过场景时序图识别初始关联集合，如果在场景时序图中两个对象之间相互传递消息，则说明这两个对象之间存在关联，亦即这两个类之间存在关联；由于初始陈述中可能遗漏一些潜在的关联，因此系统分析人员还需要根据领域知识挖掘和发现潜在关联，并将它们增补到初始关联集合中；另一方面，用户的需求陈述往往存在较多的冗余，通过分析往往可以较大程度精简初始关联集合。比如，与被剔除类相关的关联也应被剔除，用户需求陈述中所涉及与问题本质无关，仅在实现阶段考虑的关联、瞬时事件、多元或派生等关联均在精简范畴之内。

按照上述规则，首先以实体联系（Entity Relationship，ER）图的形式展示系统中所涉及的永久性固化类之间的关系。

（1）光谱仪参数设置　光谱仪"参数设置"实体包含的属性如图 5-13 所示。

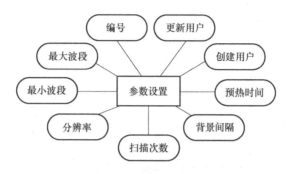

图 5-13　光谱仪"参数设置"实体包含的属性

该类主要用于定义采集光谱时，对光谱参数设置情况。核心属性为波段范围（最小波段，最大波段），分辨率和扫描次数等（对同一光谱采集位置，进行 n 次扫描，每次扫描得到一条光谱曲线，最后将 n 次扫描的光谱曲线平均得到样品光谱曲线）。

（2）样品预处理方式　样品"处理方式"实体包含的属性如图 5-14 所示。

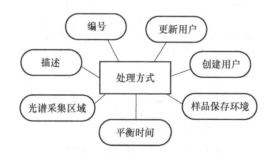

图 5-14　样品"处理方式"实体包含的属性

该类主要用于定义采集光谱时，对样品的预处理情况。核心属性为对样品采取的处理方式的描述、试验前样品保存环境、在试验环境中平衡时间以及光谱采集区域选择等，如本书所涉及的苹果样品光谱检测区域沿苹果的赤道部位均匀分布。

（3）光谱仪　"光谱仪"实体包含的属性如图 5-15 所示。

如前文所述，由于 NIR-SDBS 原型系统应用范围大，无法将采集光谱的仪器指定为某种仪器，平台需要适应各种仪器采集的光谱。因此，需要单独建立"光谱仪"类用户存储相关信息。核心属性为仪器型号、分辨率、波长重复性、基线稳定性和波长范围等。

（4）环境　"环境"实体包含的属性如图 5-16 所示。

同样，光谱数据可能采集于不同的环境下，因此，必须记录相应的环境参数信息。核心属性即对 NIR 光谱采集具有较大影响的因素，如环境温湿度、外界光照等。

（5）网格　"网格"实体包含的属性如图 5-17 所示。

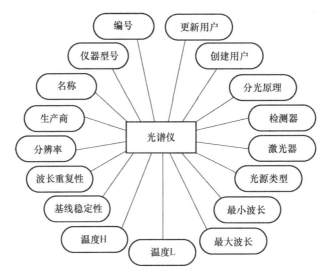

图 5-15 "光谱仪"实体包含的属性

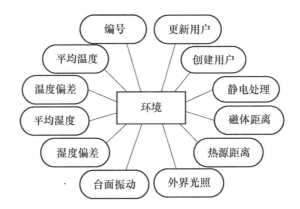

图 5-16 "环境"实体包含的属性

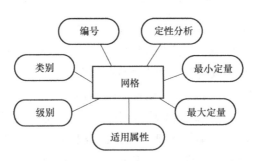

图 5-17 "网格"实体包含的属性

所谓网格即为对按照不同层级组织的类别中心集合。每个网格有其适用的样品对象,适用"类别"字段表征;由于样品不同属性的分级策略不同,因此,网格均是针对特定属性建立的,在网格对象中设置了"适用属性"字段以区分网格适用的属性;由于一个网络可能非常庞大,为了提高系统的响应速度,通常对网格进行分层级处理,因此,设置了"级别"以表征当前节点在网络中的层级；此外，对于定量分析时适用的分析范围与定性分析时的适用类别均单独设置相应字段。

（6）模型　"模型"实体包含的属性如图 5-18 所示。

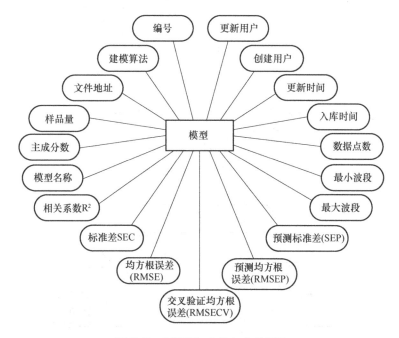

图 5-18　"模型"实体包含的属性

如前文所述，NIR-SDBS 原型系统相较于传统的建模分析方法，新增了基于 SDBS 匹配与查询分析的新模式。但传统建模方法在系统中仍旧占有重要地位。系统中可以保存大量的针对特定用途开发的模型，因此，NIR-SDBS 原型系统需要单独设立"模型"实体保存模型参数、适用范围、模型质量等。

由图 5-18 可见，"模型"实体拥有属性较多。其中，用于描述模型质量的属性包括相关系数 R^2、标准差 SEC、均方根误差（RMSE）、交叉验证均方根误差（RMSECV）、预测均方根误差（RMSEP）和预测标准差（SEP）等；描述模型基于何种性质的光谱建立的属性包括最大波段、最小波段和数据点数等；其他还包括建模算法、样品量和主成分数等。

（7）样品　"样品"实体包含的属性如图 5-19 所示。

样品为 NIR-SDBS 原型系统中最基础的实体之一，其对系统的重要性不言而喻。样品对象主要负责记录每个样本的各项属性值。比如，衣分、回潮率、含杂率、颜色级、马克隆值和纤维长度等；此外，部分字段记录了样品的类别归属、参与建立或适用的模型等，这些信息是后续基于参照样品实现待测样品快速分析的基础。

（8）NIR　"NIR 光谱"实体包含的属性如图 5-20 所示。

与样品类相似，NIR 光谱类也是 NIR-SDBS 原型系统中最基础的类之一。无论是基于传统建模分析方法还是基于数据库检索与匹配的方法，其基础和主要运算对象均为样品的 NIR 光谱。在该实体中，使用"网格"字段建立光谱与网格之间的所属关系；使用"样品"字段建立样品与光谱之间的对应关系；使用"模型"字段建立起样品与适用模型之间的关联；

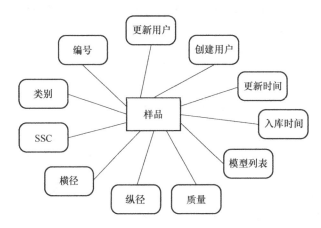

图 5-19 "样品"实体包含的属性

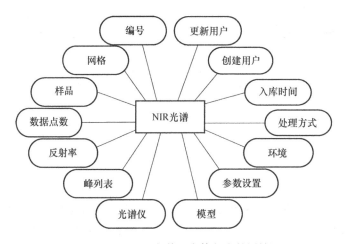

图 5-20 "NIR 光谱"实体包含的属性

此外，还建立起光谱与光谱仪、仪器参数设置、环境等类的关联；通过"数据点数"字段记录波段与光谱反射比数值详细数据；通过"峰列表"字段保存光谱特征提取结果；以上信息为后续基于 NIR 光谱的多种分析任务提供了基础支撑。

（9）类别 "类别"实体包含的属性如图 5-21 所示。

"类别"也是 NIR-SDBS 原型系统基础实体之一。主要用于对样品按照种类、品种和产地等进行分类，每个类别与适用的模型列表相关联，在后续分析中一旦将待测样品归类，便可直接调用类别适用模型对其进行预测分析（分析模式之一）。

（10）用户 "用户"实体包含的属性如图 5-22 所示。由于在 5.2.1 节中已经叙述了用户类别划分依据，此处不再赘述。

上述 10 类实体为水果 NIR-SDBS 原型系统中所涉及的最为基础的类，它们相互之间的关联是构建和开发 NIR-SDBS 原型系统的基石。对于它们之间的关联在表 5-2 中进行了初始描述，在经过类与关联的精简与增补后，大致形成水果 NIR-SDBS 原型系统中实体之间的联系，如图 5-23 所示。

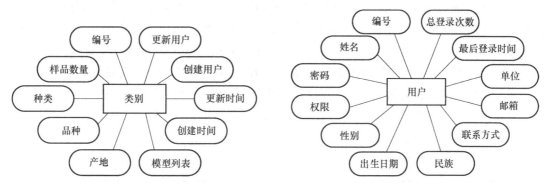

图 5-21 "类别"实体包含的属性   图 5-22 "用户"实体包含的属性

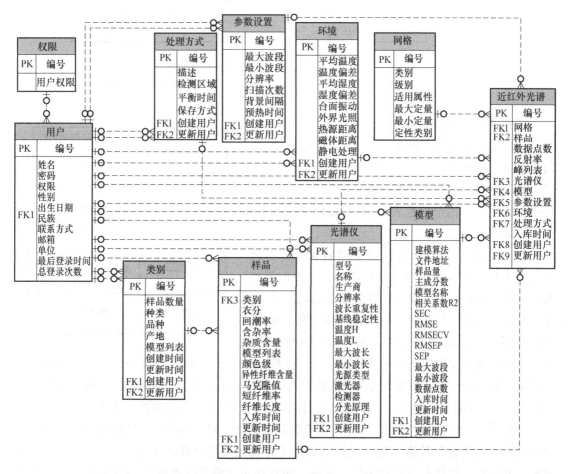

图 5-23 水果 NIR-SDBS 原型系统中实体之间的联系

以上详述了水果 NIR-SDBS 原型系统中的基础类以及它们之间的关联模式。除此之外，OOA 和 OOD 方法学中，将系统中的所有要素均封装在类内，因此，在系统实际设计与开发过程中，每一个具体的功能模块或操作界面均与一个类（以下简称"界面类"）相对应，这些界面类之间以及它们与基础类之间均存在多种联系，分别详述如下。

（1）用户注册界面 "注册界面"对应的操作、属性保存均由"注册界面控制类"负责实施。在该模块中，通过"注册界面控制类"与基础类"用户"进行交互，最后信息均记入与"用户"类相对应的"用户信息表"。它们之间的关联规则如图5-24所示。

（2）用户登录界面 "登录界面"对应的操作、属性保存均由"登录界面控制类"负责实施。在该模块中，通过"登录界面控制类"与基础类"用户"进行交互，所需要的验证信息均读取于"用户信息表"。它们之间的关联规则如图5-25所示。

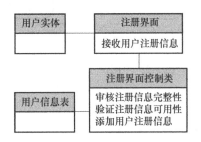

图5-24 用户注册模块对应类以及
它与基础类之间的关联

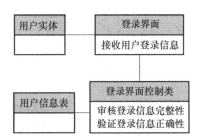

图5-25 用户登录模块对应类以及
它与基础类之间的关联

（3）注册信息管理界面 "注册信息管理界面"对应的操作、属性保存均由"注册信息管理控制类"负责实施。在该模块中，通过"注册信息管理控制类"与基础类"用户"进行交互，所需要的验证信息均读至或写入"用户信息表"。它们之间的关联规则如图5-26所示。

（4）光谱数据上传界面 "光谱数据上传界面"对应的操作、属性保存均由"光谱数据上传控制类"负责实施。该模块与其他模块以及基础类之间的关联十分复杂。首先，与基础类"用户"相关联，通过用户信息判断权限合法性；其次，读取光谱文件时借助

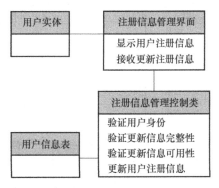

图5-26 注册信息管理模块对应类
以及它与基础类之间的关联

文件操作类读取文件后，将光谱数据存入光谱类相应变量；读取样品文件后，将样品数据存入样品类相应变量；在数据上传阶段可能会与"新建类别中心界面""新建网格界面"等界面控制类，"样品""类别""NIR光谱"等基础类进行交互。具体如图5-27所示。

（5）单光谱查询分析界面 "单光谱查询分析界面"对应的操作、属性保存均由"单光谱查询分析控制类"负责实施。该模块是基于光谱实现待测样品快速分析功能的一部分，其处理和运算过程具有典型代表性。首先，用户通过文件操作类读取待分析光谱；在分析前，需要调用光谱类对光谱进行预处理和特征提取；此后，依次通过网格对样品进行归类，再在类别内部逐条记录比较；在完成类别内部比较后，有多种分析途径可以选择，比如，直接基于类别内部匹配结果参照一定数量的样本的属性值，基于匹配结果调用已有模型进行预测，基于匹配结果选择适量样品进行局部建模分析等。在此过程中与其他多个界面类或基础类进行交互，具体如图5-28所示。

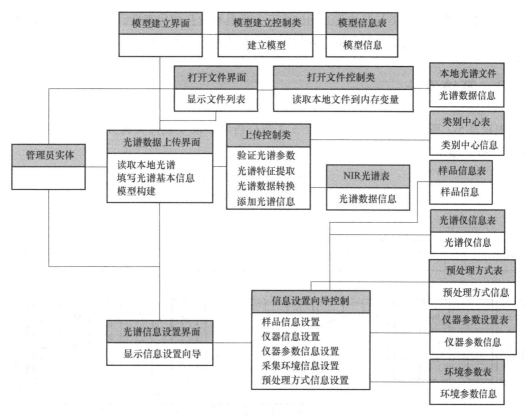

图 5-27　光谱数据上传模块对应类以及它与其他类之间的关联

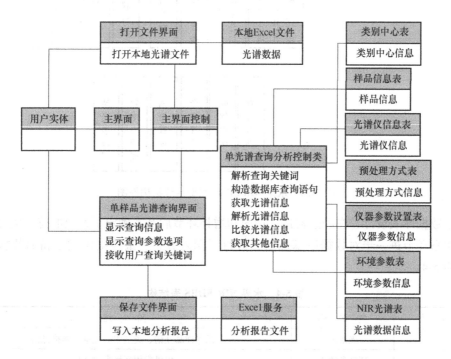

图 5-28　单光谱查询分析模块对应类以及它与其他类之间的关联

由于以上 5 个界面类与其他类之间的交互关系具有较强的代表性，文中仅以它们为代表进行展示，对于其他类似的界面类与其他类的交互关系不再逐一展示。

5.3　系统设计

根据表 5-1 所述的功能需求，结合 5.2 节分析结果以及软件工程方法学知识可得水果 NIR-SDBS 原型系统结构框图，如图 5-29 所示。

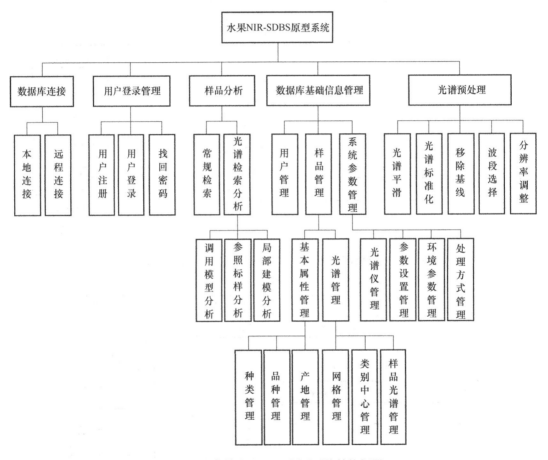

图 5-29　水果 NIR-SDBS 原型系统结构框图

对于数据库表设计，在经过初选、精简和增补环节后基本确定了系统的持久化类，在建立实体关系环节进一步对数据库基础信息进行了深入分析，最终确定建立新的数据库表结构，见表 5-4。

表 5-4　水果 NIR-SDBS 表结构

类 编 号	类 名 称	备 注
1	光谱表	保存样品光谱、类别中心光谱、网格光谱
2	环境参数表	提供常用环境参数选项

（续）

类 编 号	类 名 称	备 注
3	数学模型表	用于保存基于标准参照样品针对特定应用场景建立的数学模型
4	样品信息表	保存样品基本信息
5	用户信息表	保存注册用户信息
6	光谱仪表	提供常用光谱仪选项
7	类别中心表	保存基于标准参照样品光谱建立的类别中心基本信息
8	网格表	保存基于标准参照样品光谱建立的分类网格基本信息
9	预处理方式表	提供常用样品预处理方式选项
10	光谱仪参数表	提供常用光谱仪参数设置选项

按照实际需求与前文分析结果，进一步对每个表的结构进行详细设计，详情见表 5-5~表 5-14。

光谱表用于保存 NIR-SDBS 原型系统中的参照光谱数据，光谱的基本属性通过外键的方式关联到其他数据表，光谱曲线的各个数据点的波长值、光谱反射比或吸光度值则转化为字符串，使用固定的连接符拼接在一起存入相应字段，光谱特征峰也通过类似转换存入"峰列表"字段，详见表 5-5。

表 5-5　光谱表

字 段 名	类 型	长度/bit	键	其 他 约 束
编号	int	32	主键	identity(1,1)
网格	int	32	外键	not null
样品	int	32	外键	not null
数据点数	int	32	无	无
光谱反射比	nvarchar	0~Max	无	not null
峰列表	nvarchar	0~Max	无	无
光谱仪	int	32	外键	not null
模型	int	32	外键	not null
参数设置	int	32	外键	not null
环境	int	32	外键	not null
处理方式	int	32	外键	not null
入库时间	date	64	无	default getdate()
创建用户	nchar	4~30	外键	not null
更新用户	nchar	4~30	外键	无

既往的研究成果表明，NIR 光谱采集环境对样品光谱有一定的影响，尤其是环境温湿度、杂散光等，通常的做法是将环境参数限定在较为合适的范围内，而环境参数表即主要用来保存常用的环境参数，详见表 5-6。

表 5-6　环境参数表

字　段　名	类　型	长度/bit	键	其他约束
编号	int	32	主键	identity（1,1）
平均温度	float	32	无	not null
温度偏差	float	32	无	not null
平均湿度	float	32	无	not null
湿度偏差	float	32	无	not null
台面振动	bit	1	无	not null
外界光照	bit	1	无	not null
热源距离	float	32	无	not null
磁体距离	float	32	无	not null
静电处理	bit	1	无	not null
创建用户	nchar	4~30	外键	not null
更新用户	nchar	4~30	外键	无

数学模型表主要用来存放按照特定应用场景，基于部分参照样品建立的定量或定性预测模型。模型本身转化为字符串，使用特定符号分隔并连接，调用时再通过逆向变换将模型还原为矩阵、向量形式。除模型本身外，还记录了建立模型的样品、算法、选用的主成分、模型质量等，详见表 5-7。

表 5-7　数学模型表

字　段　名	类　型	长度/bit	键	其他约束
编号	int	32	主键	identity（1,1）
建模算法	varcahr	0~50	无	not null
文件地址	varcahr	0~Max	无	not null
样品量	int	32	无	无
主成分数	int	16	无	无
模型名称	varchar	0~50	无	not null
相关系数 R^2	float	32	无	无
标准差（SEC）	float	32	无	无
均方根误差（RMSE）	float	32	无	无
交叉验证均方根误差（RMSECV）	float	32	无	无
预测均方根误差（RMSEP）	float	32	无	无
标准差（SEP）	float	32	无	无
最大波段	float	32	无	not null
最小波段	float	32	无	not null
数据点数	int	32	无	无
入库时间	date	64	无	default getdate（）
更新时间	date	64	无	default getdate（）
创建用户	nchar	4~30	外键	not null
更新用户	nchar	4~30	外键	无

样品信息表用来存放标准参照样品信息，记录了样品的多种理化属性、样品的类别、样品参与建立的模型等，详见表 5-8。

表 5-8 样品信息表

字 段 名	类 型	长度/bit	键	其 他 约 束
编号	int	32	主键	identity(1,1)
类别	int	32	外键	not null
SSC	float	32	无	not null
横径	float	32	无	not null ·
纵径	float	32	无	not null
质量	float	32	无	not null
模型列表	varchar	0~50	无	not null
入库时间	date	64	无	default getdate( )
更新时间	date	64	无	default getdate( )
创建用户	nchar	10	外键	not null
更新用户	nchar	10	外键	无

用户信息表用来存放系统中注册的用户资料，设置了"权限"字段，以区分不同类型的用户，详见表 5-9。

表 5-9 用户信息表

字 段 名	类 型	长度/bit	键	其 他 约 束
编号	int	32	无	自动生成
姓名	varchar	4~30	主键	not null
密码	varchar	6~15	无	not null
权限	int	32	无	not null
性别	nchar	1	无	not null
出生日期	date	64	无	无
民族	varchar	16	无	无
联系方式	varchar	14	无	not null
邮箱	varchar	0~50	无	not null
单位	varchar	0~100	无	无
最后登录时间	date	64	无	default getdate( )
总登录次数	int	32	无	无

光谱仪信息表用来存放光谱仪型号及参数，供"光谱表"使用。主要原因在于不同光谱采集的光谱数据可能在数据格式、波段范围、光谱质量等多个方面存在差异，因而通常不同光谱仪采集的光谱所建立的模型互不通用，在光谱存入数据库时必须同时记录采集光谱的仪器信息，详见表 5-10。

表 5-10　光谱仪信息表

字 段 名	类 型	长度/bit	键	其 他 约 束
编号	int	32	主键	identity(1,1)
仪器型号	varchar	0~50	无	not null
名称	varchar	0~50	无	无
生产商	varchar	0~50	无	无
分辨率	float	32	无	not null
波长重复性	float	32	无	not null
基线稳定性	float	32	无	not null
温度 H	float	32	无	not null
温度 L	float	32	无	not null
最大波长	float	32	无	not null
最小波长	float	32	无	not nul
光源类型	varchar	0~20	无	not null
激光器	varchar	0~20	无	not null
检测器	varchar	0~20	无	not null
分光原理	varchar	0~50	无	not null
创建用户	nchar	4~30	外键	not null
更新用户	nchar	4~30	外键	无

　　类别中心表是对待测样品归类的依据，是确保光谱数据尤其是大规模光谱数据库高效运行的必要手段。在大批量参照样品入库时，通常需要建立新的类别，与此同时构建类别中心、建立数学模型也会同步进行。类别中心表主要用于记录成批次样品的基本信息，具体的光谱信息仍保存在光谱信息表中，两者通过外键相关联，详见表 5-11。

表 5-11　类别中心表

字 段 名	类 型	长度/bit	键	其 他 约 束
编号	int	32	主键	identity(1,1)
样品数量	int	32	无	无
种类	varchar	0~50	无	not null
品种	varchar	0~50	无	not null
产地	varchar	0~50	无	not null
模型列表	varchar	0~50	无	无
创建时间	date	32	无	default getdate( )
更新时间	date	32	无	default getdate( )
创建用户	nchar	4~30	外键	not null
更新用户	nchar	4~30	外键	无

　　网格表是基于类别中心，而又高于类别中心对样品进行分类的重要数据结构。网格通常按

照树形结构分为多个层级，越往根部规模越大，越往叶节点方向分类越精确，详见表 5-12。

表 5-12　网格表

字段名	类型	长度/bit	键	其他约束
编号	int	32	主键	identity(1,1)
类别	int	32	无	not null
级别	nvarchar	0~20	无	not null
适用属性	nchar	8	无	无
最大定量	float	32	无	not null
最小定量	float	32	无	not null
定性分析	nchar	8	无	无

与环境参数类似，样品的预处理方式对光谱有一定的影响。通常而言，对一类样品的预处理方式往往具有一定的规律可循。因此，系统单独设立处理方式表，供"样品表"使用，详见表 5-13。

表 5-13　处理方式表

字段名	类型	长度/bit	键	其他约束
编号	int	32	主键	identity(1,1)
描述	varchar	0~50	无	not null
检测区域	tinyint	8	无	not null
平衡时间	tinyint	8	无	not null
保存方式	varchar	0~50	无	not null
创建用户	nchar	4~30	外键	not null
更新用户	nchar	4~30	外键	无

参数设置表用于保存采集光谱时的光谱仪可变参数，这些参数直接或间接影响光谱分析结果。比如，光谱波段范围、分辨率和扫描次数等，具体结构详见表 5-14。

表 5-14　参数设置表

字段名	类型	长度/bit	键	其他约束
编号	int	32	主键	identity(1,1)
最大波段	float	32	无	not null
最小波段	float	32	无	not null
分辨率	float	32	无	not null
扫描次数	int	32	无	not null
背景间隔	int	32	无	not null
预热时间	int	32	无	not null
创建用户	nchar	4~30	外键	not null
更新用户	nchar	4~30	外键	无

5.4 对现有系统的比较

本节主要对比了水果 NIR-SDBS 原型系统与目前在运行的主流光谱数据库系统，几款参与对比的软件基本信息见表 5-15。

表 5-15　不同 SDBS 定位对比

序号	系 统 名 称	开发和维护单位	服务模式
1	有机化合物 SDBS	日本国立高级工业科学与技术研究院	网络在线
2	化学数据库系统	中国科学院上海有机化学研究所	网络在线
3	水果 NIR-SDBS 原型系统	浙江大学、安徽财经大学	本地

主要从用户权限划分、数据格式、数据库检索方法与方式和为用户提供的服务类型等方面对 3 款软件系统的核心功能进行对比，结果见表 5-16。

表 5-16　不同 SDBS 核心功能对比

功能	功能子类	有机化合物 SDBS	化学数据库系统	水果 NIR-SDBS 原型系统
用户	用户注册	×	√	√
	用户分级	×	×	√
后台处理	预处理	×	×	系统自身优化处理
	特征提取	×	×	系统自身优化处理
	优化算法	×	×	针对样品优化算法
数据信息	光谱格式	图片	图片	原始数据
	光谱特征	√	√	√
	建模结果	×	×	√
	常规查询	√	√	√
	曲线查询	×	√	√
	上传数据	×	×	√
	光谱分析	×	×	√
	样品分析	×	×	√

可见，有机化合物 SDBS 通过在线方法向公众开放，访问数据库时无须注册，普通用户无上传数据的权利，系统维护人员通过另行设计的端口实施系统管理与维护。系统中的标准参照光谱均以图片形式保存，光谱特征信息也是借助第三方软件提取。检索信息时仅支持常规关键词，比如物质名称、分子式、分子量和 CAS（化学文摘服务社）号等。

与有机化合物 SDBS 不同的是，化学数据库系统采用先注册再服务的模式，增加了以光谱曲线和光谱特征峰作为关键词检索信息的功能。

水果 NIR-SDBS 原型系统相对于以上两个系统而言，增加了用户等级划分、样品及光谱信息上传、光谱分析与处理，在光谱查询方面匹配算法采用独创性光谱匹配算法，更为重要的是系统还新增了按光谱曲线对未知样品查询分析的功能。

综上所述，水果 NIR-SDBS 原型系统所采用的算法针对性强、准确率高，系统功能更加全面，实用性和扩展性更强，不足之处是其仍处于算法测试和原型系统设计与开发阶段，界面美观性和系统稳定性较差，且尚未实现网络化。

5.5　本章小结

本章主要基于面向对象软件工程方法学分析和设计了 NIR-SDBS 原型系统，实践了第 2、3、4 章所描述或提出的算法，详细总结如下。

（1）水果 NIR-SDBS 需求分析　通过多种手段获取了水果 NIR-SDBS 的需求。首先，根据本团队在领域研究中发现的问题出发，针对样品特殊性凝练特殊需求；其次，参考其他光谱数据库系统，总结通用的需求；最后，结合最新的研究成果，探索 SDBS 将来的主要应用需求。经过以上分析和凝练过程，得出了系统需求。

进一步通过用例分析，描述了系统的部分主要应用情景和交互模式；通过时序图展示了部分主要应用场景下系统中各个要素之间的动态时序关系；通过实体联系图展示了系统中主要实体间的关联规则。

（2）水果 NIR-SDBS 原型系统设计　基于水果 NIR-SDBS 分析的结果，按照 OOD 方法学完成了系统设计。设计部分可划分为界面设计和数据库设计两部分。其中，界面设计部分主要依据用例分析结果和场景时序分析结果展开，依据各个要素之间的交互关系与时序关系设计系统结构，如图 5-29 所示；数据库设计部分主要依据分析过程中建立的对象模型展开，根据实体联系图中各个实体应具备的属性设计数据库表的字段，根据每个字段存储数据设计数据类型、大小等，根据实体与实体之间的联系建立表与表之间的关联规则。

附录 二维码资源

附录 A 中英文对照表

附录 B 部分算法 C#代码

附录 C 基于 SMA-JSC 算法检索分析特定样品测试结果

参 考 文 献

［1］ 严衍禄，赵龙莲，韩东海，等. 近红外光谱分析基础与应用［M］. 北京：中国轻工业出版社，2005.

［2］ 陆婉珍. 现代近红外光谱分析技术［M］. 2版. 北京：中国石化出版社，2007.

［3］ 王艳斌，褚小立，陆婉珍. 近红外光谱定量与定性分析规范介绍［C］//中国石油学会. 全国第一届近红外光谱学术会议论文集. 北京：中国石化出版社，2007.

［4］ 傅霞萍. 水果内部品质可见/近红外光谱无损检测方法的实验研究［D］. 杭州：浙江大学，2008.

［5］ 谢丽娟. 转基因番茄的可见/近红外光谱快速无损检测方法［D］. 杭州：浙江大学，2009.

［6］ 贾春晓. 现代仪器分析技术及其在食品中的应用［M］. 北京：中国轻工业出版社，2017.

［7］ ABDI H，WILLIAMS L J. Principal component analysis［J］. Wiley Interdisciplinary Reviews：Computational Statistics，2010，2（4）：433-459.

［8］ CHANG C W，LAIRD D A，MAUSBACH M J，et al. Near-infrared reflectance spectroscopy-principal components regression analyses of soil properties［J］. Soil Science Society of America Journal，2001，65（2）：480-490.

［9］ NORGAARD L，SAUDLAND A，WAGNER J，et al. Interval partial least-squares regression（iPLS）：A comparative chemometric study with an example from near-infrared spectroscopy［J］. Applied Spectroscopy，2000，54（3）：413-419.

［10］ VARMUZA K，KOCHEV N T，PENCHEV P N. Evaluation of hitlists from IR library searches by the concept of maximum common substructures［J］. Analytical Sciences，2011，17：659-662.

［11］ PENCHEV P N，MITEVA V L，SOHOU A N，et al. Implementation and testing of routine procedure for mixture analysis by search in infrared spectral library［J］. Bulgarian Chemical Communications，2008，40（4）：556-560.

［12］ YOON W L，JEE R D，MOFFAT A C. An interlaboratory trial to study the transferability of a spectral library for the identification of the solvents using near-infrared spectroscopy［J］. The Analyst，2000，125（10）：1817-1822.

［13］ SHEPHERD K D，WALSH M G. Development of reflectance spectral libraries for characterization of Soil properties［J］. Soil Science Society of America Journal，2002，66（3）：988-998.

［14］ JOHNSON T J，SAMS R L，SHARPE S W. The PNNL quantitative infrared database for gas-phase sensing：a spectral library for environmental，hazmat，and public safety standoff detection［J］. Proceedings of SPIE，2004，5269：159-167.

［15］ JOHNSON T J，PROFETA L T M，SAMS R L，et al. An infrared spectral database for detection of gases emitted by biomass burning［J］. Vibrational Spectroscopy，2010，53（1）：97-102.

［16］ LOUDERMILK J B，HIMMELSBACH D S，BARTON F E，et al. Novel search algorithms for a mid-infrared spectral library of cotton contaminants［J］. Applied Spectroscopy，2008，62（2）：661-670.

［17］ GENOT V，COLINET G，DARDENE P，et al. Transferring a calibration model and a spectral library to a soil analysis laboratory network［J］. EGU General Assembly，2009，11：2805.

［18］ 张录达，李军会，赵龙莲，等. 傅里叶变换近红外光谱信息资源共享的基础研究［J］. 光谱学与光谱分析，2004，24（8）：938-940.

［19］ 祝诗平，王鸣，张小超. 农产品近红外光谱品质检测软件系统的设计与实现［J］. 农业工程学报，

2003，19（4）：175-179.

[20] 何淑华，曲连颖，王文龙，等. 对照中药材红外光谱数据库的研制与应用 [J]. 光散射学报，2001，13（1）：25-29.

[21] 褚小立，田松柏，许育鹏，等. 近红外光谱用于原油快速评价的研究 [J]. 石油炼制与化工，2012，43（1）：72-77.

[22] 王静. 红外光谱数据库系统研究 [D]. 上海：华东师范大学，2008.

[23] LAU O W, HON P K, TAO B. A new approach to a coding and retrieval system for infrared spectral data：the 'Effective Peaks Matching' method [J]. Vibrational Spectroscopy, 2000, 23 (1)：23-30.

[24] VIVO-TRUYOLS G, TORRES-LAPASIO J R. Automatic program for peak detection and deconvolution of multi-overlapped chromatographic signals [J]. Journal of Chromatography A, 2005, 1096：133-145.

[25] YANG C, HE Z Y, YU W C. Comparison of public peak detection algorithms for MALDI mass spectrometry data analysis [J]. Bmc Bioinformatics, 2009, 10 (1)：4.

[26] DU P, SUDHA R, PRYSTOWSKY M B, et al. Data reduction of isotope-resolved LC-MS spectra [J]. Bioinformatics, 2007, 23 (11)：1394-1400.

[27] KATAJAMAA M, MIETTINEN J, ORESIC M. MZmine：toolbox for processing and visualization of mass spectrometry based molecular profile data [J]. Bioinformatics, 2006, 22 (5)：634-636.

[28] LI X, GENTLEMAN R, LU X, et al. SELDI-TOF mass spectrometry protein data [J]. Bioinformatics and Computational Biology Solutions Using R and Bioconductor, 2005, 91-109.

[29] MANTINI D, PETRUCCI F, PIERAGOSTINO D, et al. LIMPIC：a computational method for the separation of protein MALDI-TOF-MS signals from noise [J]. Bmc Bioinformatics, 2007, 8 (1)：101.

[30] DU P, KIBBE W, LIN S. Improved peak detection in mass spectrum by incorporating continuous wavelet transform based pattern matching [J]. Bioinformatics, 2006, 22 (17)：2059-2065.

[31] LEPTOS K C, SARRACINO D A, JAFFE J D, et al. Mapquant：Open-source software for large-scale protein quantification [J]. Proteomics, 2006, 6 (6)：1770-1782.

[32] LANGE E, GROPL C, REINERT K, et al. High accuracy peak picking of proteomics data using wavelet techniques [J]. Andreas Hildebrandt Pacific Symposium on Biocomputing, 2006, 11：243-254.

[33] COOMBES K R, TSAVACHIDIS S, MORRIS J S, et al. Improved peak detection and quantification of mass spectrometry data acquired from surface-enhanced laser desorption and ionization by denoising spectra with the undecimated discrete wavelet transform [J]. Proteomics, 2005, 5 (16)：4107-4117.

[34] KARPIEVITCH Y V, HILL E G, SMOLKA A J, et al. PrepMS：TOF MS data graphical preprocessing tool [J]. Bioinformatics, 2007, 23 (2)：264.

[35] SMITH C A, WANT E J, MAILLE G O, et al. XCMS：processing mass spectrometry data for metabolite profiling using nonlinear peak alignment, matching, and identification [J]. Analytical Chemistry, 2006, 78 (3)：779-787.

[36] MIKAEL B, STAFFAN F, ANDERS S, et al. Applying spectral peak area analysis in near-infrared spectroscopy moisture assays [J]. J Pharm Biomed Anal, 2007, 44 (1)：127-136.

[37] 李兴. 高光谱数据库及数据挖掘研究 [D]. 北京：中国科学院遥感应用研究所，2006.

[38] 谢狄林，施伟巧，李勇波，等. 光谱数据库软件系统 [J]. 光谱实验室，2006，23（1）：118-122.

[39] 徐云. 农产品品质检测中的近红外光谱分析方法研 [D]. 北京：中国农业大学，2009.

[40] 姚芳莲，李维云. 遗传算法及其在化学领域中的应用 [J]. 天津化工，2000（4）：1-3.

[41] 褚小立，袁洪福，王艳斌，等. 遗传算法用于偏最小二乘方法建模中的变量筛选 [J]. 分析化学，

2001, 29 (4)：437-442.

[42] 王宏，李庆波，刘则毅，等. 遗传算法在近红外无创伤人体血糖浓度测量基础研究中的应用 [J].
分析化学，2002, 30 (7)：779-783.

[43] 祝诗平，王一鸣，张小超，等. 基于遗传算法的近红外光谱谱区选择方法 [J]. 农业机械学报，
2004, 35 (5)：152-156.

[44] LI H D, LIANG Y Z, XU Q S, et al. Key wavelengths screening using competitive adaptive reweighted
sampling method for multivariate calibration [J]. Analytica Chimica Acta, 2009, 648 (1)：77-84.

[45] 张华秀，李晓宁，范伟，等. 近红外光谱结合 CARS 变量筛选方法用于液态奶中蛋白质与脂肪含量
的测定 [J]. 分析测试学报，2010, 29 (5)：430-434.

[46] 陈锗，张岩. 化学计量学方法在近红外光谱分析中的应用——近红外光谱法测定汽油辛烷值 [J].
甘肃科技，2004, 20 (4)：93-95.

[47] 吴晓华，陈德钊. 化学计量学非线性偏最小二乘算法进展评述 [J]. 分析化学，2004, 32 (4)：
534-540.

[48] 潘忠孝. 神经网络及其在化学中的应用 [M]. 合肥：中国科学技术大学出版社，2000.

[49] 贺宪民，贺家，范思昌. BP 神经网络及其预测性能探索 [J]. 数理医药学杂志，2001, 14 (3)：
195-198.

[50] 叶双峰. 关于主成分分析做综合评价的改进 [J]. 数理统计与管理，2001, 20 (2)：52-55.

[51] 童其慧. 主成分分析方法在指标综合评价中的应用 [J]. 北京理工大学学报（社会科学版），2002
(1)：59-61.

[52] 窦英. 人工神经网络—近红外光谱法用于药物无损非破坏定量分析的研究 [D]. 长春：吉林大
学，2006.

[53] 张朝平，刘太昂，葛炯，等. 支持向量回归算法在 NIR 光谱法预测烟草淀粉中的应用 [J]. 烟草科
技，2009 (10)：41-44, 49.

[54] 王国胜，钟信义. 支持向量机的若干新进展 [J]. 电子学报，2001, 29 (10)：1397-1400.

[55] 刘燕德，应义斌，傅霞萍. 近红外漫反射用于检测苹果糖度及有效酸度的研究 [J]. 光谱学与光谱
分析，2005, 25 (11)：1793-1796.

[56] 陆辉山. 水果内部品质可见/近红外光谱实时无损检测关键技术研究 [D]. 杭州：浙江大学，2006.

[57] 段焰青，杨涛，孔祥勇，等. 样品粒度和光谱分辨率对烟草烟碱 NIR 预测模型的影响 [J]. 云南大
学学报（自然科学版），2006, 28 (349)：340-344.

[58] 王一兵，王红宇，翟宏菊，等. 近红外光谱分辨率对定量分析的影响 [J]. 分析化学研究简报，
2006, 34 (5)：699-701.

[59] 谢丽娟，刘东红，张宇环，等. 分辨率对近红外光谱和定量分析的影响研究 [J]. 光谱学与光谱分
析，2007, 27 (8)：1489-1492.

[60] 蒋焕煜，彭永石，谢丽娟，等. 扫描次数对番茄叶漫反射光谱和模型精度的影响研究 [J]. 光谱学
与光谱分析，2008, 28 (8)：1763-1766.

[61] 王韬，张录达，劳彩莲，等. PLS 回归法建立适用温度变化的近红外光谱定量分析模型 [J]. 中国
农业大学学报，2004, 9 (6)：76-79.

[62] 李勇，魏益民，王峰. 影响近红外光谱分析结果准确性的因素 [J]. 核农学报，2005, 19 (3)：
236-240.

[63] 蒋焕煜，谢丽娟，彭永石，等. 温度对叶片近红外光谱的影响 [J]. 光谱学与光谱分析，2008, 28
(7)：1510-1513.

［64］ 周莹，傅霞萍，应义斌. 湿度对近红外光谱检测的影响［J］. 光谱学与光谱分析，2007，27（11）：2197-2199.

［65］ 邢志娜，王菊香，申刚，等. 环境温度、湿度对混合胺近红外光谱分析模型的影响［J］. 兵工学报，2007，28（10）：1238-1242.

［66］ HOWARI F M. Comparison of spectral matching algorithms for identifying natural salt crusts［J］. Journal of Applied Spectroscopy, 2003, 70（5）：782-787.

［67］ DEBSKA B, GUZOWSKA-SWIDER B, CABROL-BASS D. Automatic generation of knowledge base from infrared spectral database for substructure recognition［J］. Journal of Chemical Information and Computer Sciences, 2000, 40（2）：330.

［68］ KARPUSHKIN E, BOGOMOLOV A, ZHUKOV Y, et al. New system for computer-aided infrared and Raman spectrum interpretation［J］. Chemometrics and Intelligent Laboratory Systemsl, 2007, 88（1）：107-117.

［69］ LI J F, HIBBERT D B, FULLER S, et al. A comparative study of point-to-point algorithms for matching spectra［J］. Chemometrics and Intelligent Laboratory Systems, 2006, 82（1-2）：50-58.

［70］ VARMUZA K, KARLOVITS M, DEMUTH W. Spectral similarity versus structural similarity：infrared spectroscopy［J］. Analytica Chimica Acta, 2003, 490（1-2）：313-324.